Adaptabilität

Impulse für die Verbesserung de
eigenen Anpassungsfähigkeit

AF222163

Adaptabilität

Impulse für die Verbesserung der eigenen Anpassungsfähigkeit

Bibliografische Information der Deutschen Nationalbibliothek

Die Deutsche Nationalbibliothek verzeichnet diese Publikation in der Deutschen Nationalbibliografie; detaillierte bibliografische Informationen sind im Internet über http://dnb.d-nb.de abrufbar.

ISBN 978-3-7664-9973-8

Im Vertrieb von: Jünger Medien Verlag + Burckhardthaus-Laetare GmbH, Offenbach

Herausgeber: GABAL e.V.

Lektorat: Anja Hilgarth, Herzogenaurach
Redaktion: Jünger Medien Verlag, Offenbach
Umschlaggestaltung: Martin Zech Design, Bremen, www.martinzech.de
Satz und Layout: ZeroSoft, Timisoara
Druck und Bindung: Salzland Druck, Staßfurt
1. Auflage 2022

www.juenger.de
www.gabal.de

Hinweis: Wenn aus Gründen der Lesbarkeit im Text kein geschlechtsneutraler Begriff bzw. die männliche Form gewählt wurde, beziehen sich die Angaben selbstverständlich gleichermaßen auf Angehörige aller Geschlechter.

Inhaltsverzeichnis

Grußwort

Liebe Leserinnen und liebe Leser,

das GABAL Jahresthema 2022 „Adaptabilität" hat bei dem einen oder anderen GABAL Mitglied Fragezeichen ausgelöst. Viele fragen sich, was für ein Thema sich wohl hinter diesem sperrigen Begriff verbirgt.

Falls dies auch bei Ihnen der Fall war, als Sie den Titel des Sammelbands zu unserem Jahresthema zum ersten Mal gesehen haben, kann ich Ihnen versichern, dass Sie sich hier in den einzelnen Beiträgen fundiert und leicht verständlich zu den einzelnen Facetten von Adaptablity informieren können.

Wie ist es eigentlich zu diesem Thema gekommen? Ganz einfach: Der GABAL Vorstand ist auf der Suche nach seinem Jahresthema der Frage nachgegangen: Welches Verhalten oder welche Eigenschaften haben uns in den letzten anderthalb Jahren am meisten gefordert und werden über die Pandemie hinaus von Bedeutung sein? Da waren wir uns recht schnell einig: Wir alle mussten uns immer wieder veränderten Rahmenbedingungen anpassen. Flexibilität war eine wichtige Fähigkeit, um in der Pandemie zurechtzukommen. Vorausschauende Planung, immer wiederkehrende gleichbleibende Abläufe – das sind Routinen, die uns das Alltagsleben erleichtern und Sicherheit geben, weil der nächste Schritt nicht überlegt und entschieden werden muss. Aber auf genau diese routinierten Abläufe konnten wir uns in der Pandemie nicht mehr verlassen. Ungewissheit und Flexibilität haben uns alle mehr oder weniger intensiv gefordert.

Gleichzeitig sind in der Pandemie – wie unter einer Lupe – grundsätzliche Schwächen und Versäumnisse aus den vergangenen Jahrzehnten in Wirtschaft, Verwaltung und Infrastruktur deutlich geworden. Diese werden in den nächsten Jahren in einem tiefgreifenden Modernisierungsprozess ausgeräumt werden müssen, um den vielfältigen globalen Herausforderungen besser gerecht zu werden. Das geht weit über das flexible Verhalten im Alltag hinaus. Um diese Veränderungen erfolgreich zu bewältigen, brauchen wir eine ausgeprägte Anpassungsfähigkeit – also Adaptabilität.

Die Anpassungsbereitschaft ist bei den Menschen unterschiedlich ausgeprägt. Wie können wir den Ausprägungsgrad bei den einzelnen Menschen erkennen? Die meisten mögen keine Veränderungen, sie reagieren mit Ablehnung und Widerstand und wollen ihre vertrauten Verhaltensweisen beibehalten. Wie können wir ihre Fähigkeit zur Adaptabilität fördern? Wichtige Fragen, auf die es sich lohnt, Antworten zu finden.

Natürlich stellen wir uns auch im GABAL Vorstand diese Fragen in Bezug auf unseren Verband. Sinkende Mitgliederzahlen und Überalterung sind deutliche Hinweise, dass auch wir uns als Verein veränderten Rahmenbedingungen anpassen müssen. Mit welchen attraktiven Themen und Angeboten können wir junge Menschen für unseren Verein gewinnen? Diese Aufgaben gehen wir engagiert an – und die Beiträge zu diesem Sammelband bieten uns dabei viele Ansatzpunkte und Denkanstöße. Mögen sie auch Ihnen hilfreich sein!

Falls Sie noch mehr zum Thema wissen wollen, schauen Sie doch einfach mal in unseren Veranstaltungskalender auf unserer Homepage: www.GABAL.de.

Jetzt wünsche ich Ihnen viel Vergnügen bei der Lektüre und grüße Sie auch im Namen des GABAL Vorstands.

Bettina Walker
(Sprecherin GABAL Vorstand)

Vorwort

Adaptability – handeln statt hadern

Anpassungsfähigkeit klingt erst mal nicht sonderlich sexy. „Angepasst zu sein" ist im Deutschen häufig negativ konnotiert. Adaptability klingt da schon besser. Wie wäre es mit „Superpower"? Denn was auch immer unsere bisherigen Vorstellungen über Anpassungsfähigkeit sein mögen, das psychologische Konzept, das dahintersteckt, ist revolutionär. Und das ist keine Übertreibung, sondern Wissenschaft.

Adaptability ist die Superkompetenz für die heutige Arbeitswelt und erst recht für die der Zukunft, in der unerwartete und komplexe Änderungen zur Normalität werden. Eine für alles – branchenübergreifend. Egal, ob es um Digitalisierung oder andere große und kleine Transformationen geht, und sogar unser Privatleben profitiert von einem hohen Anpassungsquotienten (AQ).

Dabei fing das theoretische Modell rund um den AQ des Menschen, wie so viele spannende Erkenntnisse rund um unsere Persönlichkeit, ganz klein an. Am Beginn stand die Frage, welche Fähigkeiten und Eigenschaften einen Menschen beschreiben, der ausgenommen gut mit schneller Veränderung zurechtkommt und sich sogar proaktiv auf sie vorbereitet.

Schon 2002 wurde Anpassungsfähigkeit vom Karriereforscher Douglas T. Hall als „Karriere-Metakompetenz" bezeichnet, und im *Flux Report* aus dem Jahr 2014 sagten bereits 91 Prozent der HR-Leiter voraus, dass die Fähigkeit eines Bewerbers, mit ständigen Veränderungen umzugehen, eines der Hauptkriterien für die Einstellung sein wird. Heute ist diese Fähigkeit für uns nicht nur messbar, sondern wir wissen auch ganz genau, dass und wie wir sie in drei unterschiedlichen Dimensionen stärken können: in unserem Denken, in unserem Umgang mit unseren Gefühlen und in unserem Handeln.

Ein „Digital Native", der mit der aktuellen Technologie aufgewachsen ist, bleibt nicht zwangsläufig auf dem neuesten Stand der Technik. Unsere Anpassungsfähigkeit zeigt sich viel eher in unserer Neigung, Probleme kreativ zu lösen und mit Situationen durch innovative Mittel umzugehen. Kreativität ist Anpassungsfähigkeit in Reinform. Und obwohl Persönlichkeitspsychologen sich schon immer und immer wieder gefragt haben, was eine kreative Persönlichkeit ausmacht, werden erst jetzt wirklich belastbare Ergebnisse zutage gefördert. Heute wissen wir: Je mehr AQ, desto mehr Kreativität, aber nicht nur in Form einer Ideensammlung voller Wunschsätze, sondern echter Lösungsansätze. Denn Adaptability umfasst nicht nur die Kompetenz, sondern auch die Motivation, Ideen und Veränderung in die Tat umzusetzen. Ins Handeln zu kommen. Und genau das macht sie so wirksam. Sie beschreibt kein bloßes Zurechtkommen mit einer sich rasant verändernden Welt. Sie ist nicht nur reaktiv, sondern mit einem hohen AQ rüsten wir uns proaktiv – werden selbst zum Gamechanger.

Studien belegen, dass Anpassungsfähigkeit außerdem nicht nur ein Ich-Skill, sondern auch ein Wir-Skill ist, der uns zu einem breiten Netzwerk hoch engagierter und fähiger Menschen verhilft. Kurz gesagt: Adaptability macht das Leben im 21. Jahrhundert nachhaltig und nachweislich angenehmer, erfolgreicher und lebenswerter.

Nur die wenigsten von uns sind dorthin gekommen, wo sie sind, indem sie immer das Gleiche getan haben. Jetzt gilt es, noch einen Schritt weiter zu gehen:

Instead of constantly adapting to change, why not change to be adaptive? (Fred Emery)

Dr. Carl Naughton

Carl Naughton ist Linguist und Wirtschaftspsychologe. Seit 2000 betreibt er das Open Mind Lab, dessen Projekte sich mehr Offenheit dem Neuen und der Veränderung gegenüber widmen. Außerdem ist er Hochschuldozent für Wirtschafts- und Führungspsychologie an der FOM Frankfurt, Research Fellow der Northern Business University und Studienautor für das Zukunftsinstitut, Mitglied im Curiosity Council der Merck KG und Kolumnist bei der Frankfurter Rundschau.

© Sonja Ulmer-Köhn

Ivanka Brockmann, MBA

Innovatives Denken und Innovationsmanagement zeichnen die beratende Betriebswirtin Ivanka Brockmann aus. Ein besonderes Augenmerk legt sie auf die systemische Beratung; ihr Motto: „Nutzen Sie die Dynamik von Veränderungen als Antriebskraft für Ihren Geschäftserfolg!"

Internationales Marketing und Controlling waren die Themen ihres Magisterabschlusses an der University of National and World Economy in Sofia und des Diploms der University of Applied Sciences in Heilbronn. Ihre Diplomarbeit über die Erfolgsaussichten von Bausparkassen in Bulgarien wurde 2005 von der DZ Bank AG Frankfurt mit einem Karrierepreis ausgezeichnet. 2014 erzielte sie einen A+ MBA-Abschluss an der German Graduate School of Management and Law in Heilbronn und der Indiana University, Kelley School of Business in Bloomington. Heute unterrichtet sie selbst in verschiedenen Studiengängen an der Hochschule für Technik in Stuttgart. Als Doktorandin am KIT in Karlsruhe beschäftigt sie sich mit der Einführung von Künstlicher Intelligenz in der Fertigungsindustrie aus betriebswirtschaftlicher Sicht.

Auf mehr als 20 Jahre Erfahrung im Vertrieb in über 80 Ländern kann die Wirtschaftsexpertin zurückblicken. Zuletzt war sie Leiterin Verkauf Ausland und Marketing bei einem süddeutschen Weltmarktführer im Bereich Elektrotechnik.

Seit 2018 ist sie selbstständig. Ihr Unternehmen „Brockmann Consulting" ist Partner für mittelständische Unternehmen im In- und Ausland. Sie berät und begleitet Unternehmen mit den Schwerpunkten Marketing und Vertrieb, Digitale Transformation, Prozessoptimierung und Geschäftsfeldentwicklung.

ivanka.brockmann@i-brockmann.com
www.i-brockmann.com

Mensch 4.0 – Zeit für Mindset Change

„Es ist nicht die stärkste Spezies, die überlebt, und auch nicht die intelligenteste, sondern diejenige, die am ehesten bereit ist, sich immer wieder zu verändern."

Charles Darwin

Algorithmen, selbstlernende Systeme, künstliche Intelligenz, virtual reality (virtuelle Realität), augmented reality (erweiterte Realität), Cloud-Computing (Rechnerwolke), predictive maintenance (prädiktive Instandhaltung) – sind das die Begriffe eines Science-Fiction-Romans? Nein – das ist unser Alltag im Jahr 2022. Und das ist nicht alles. Wir leben VUCA und 24/7. Unsere Zeit wird durch Unbeständigkeit, Unsicherheit, Komplexität und Mehrdeutigkeit sowie durch ständige Bereitschaft und Verfügbarkeit bestimmt. Was heißt das für uns als Menschen, aber auch im Unternehmenskontext?

Erfolgsfaktor – Veränderungsfähigkeit

Die Evolution hat uns gelehrt, dass nur die Spezies, die sich an die neuen Gegebenheiten schnell anpassen und sich verändern konnten, überlebt haben. Im Menschen- und Unternehmenskontext bedeutet das eine ständige und kontinuierliche Veränderung, es bedeutet, sich als Mensch und als Unternehmen immer neu zu erfinden, um zu überleben.

Der Mensch steht in der Regel Veränderungen skeptisch gegenüber. Veränderungen werden meist als Gefahr und Risiko wahrgenommen. Dabei ist die laufende Anpassung von Unternehmensstrategien und -strukturen an veränderte Rahmenbedingungen kontinuierlich notwendig.

Durch die Digitalisierung werden mehr und mehr Daten gewonnen. Steigende Rechenleistung und cloudbasierte Plattformen, ergänzt mit dem Einsatz von künstlicher Intelligenz, ermöglichen die erfolgreiche Umsetzung von neuen digitalen Geschäftsmodellen. Die Geschäftsprozesse werden immer schneller, die Produktionszyklen immer kürzer. „Losgröße 1" ist der Oberbegriff nicht nur in der Produktion, sondern auch im Service. Die neuen digitalen Infrastrukturen ermöglichen die mobile und ortsunabhängige Arbeit. Diese digitale Vernetzung fördert die Globalisierung von Produktion und Dienstleistungen und hilft bei der Entstehung von nachhaltigen und umweltfreundlichen Lieferketten.

Wandel repräsentiert heute in Unternehmen nicht mehr den Sonder-vorgang, sondern eine häufig auftretende Regelerscheinung. Daher ist es wichtig, dass jedes Unternehmen für sich Strategien und Methoden findet, wie es die Veränderung als Impuls für Verbesserungen erkennen und nutzen will. Die Dynamik von Veränderungen kann damit Antriebs-kraft für den persönlichen und geschäftlichen Erfolg werden.

Veränderung – Change vs. Transformation

Die Begriffe „Change" und „Transformation" werden öfter als Synonyme verwendet. Der Grund dafür kann in der gleichen deutschen Übersetzung „Veränderung" liegen. Für Entscheidungsträger in Business-Veränderungen ist es essenziell, den Unterschied zwischen „Change" und „Transforma-tion" zu kennen und bei deren Umsetzung als Strategie zu berücksichtigen.

Change

Bei dem „Change" ist das Ziel bekannt. Im Rahmen der Umsetzung wird es eventuell angepasst. Es handelt sich immer um die Planung und Umset-zung einer konkreten Handlung, um ein bestimmtes Problem zu lösen oder einen bestimmten Prozess zu optimieren. Ein Change-Projekt hat wie bei einem Projekt fünf Phasen:

1. Change-Projektstart
Ziel des Change-Projekts ist es, das Verhalten der Betroffenen zu ändern, damit die neuen Strukturen funktionieren. In dieser Phase werden die Projektziele erfasst, ein Start- sowie End-Zeitpunkt festgelegt und ein Projektteam aufgestellt.

2. Change-Projektplanung
In dieser Phase werden die Meilensteine gesetzt sowie die Messkenn-zahlen und verfügbaren Ressourcen festgelegt.

3. Change-Durchführung
Das Projekt wird umgesetzt; die Aufgaben und Verantwortlichkeiten werden verteilt.

4. Change-Projektsteuerung

In der Phase der Projektsteuerung werden kontinuierlich angestrebte Soll-Werte mit den tatsächlichen Ist-Werten während der Projektdurchführung verglichen. Dazu zählen: Terminüberwachung, Projektdokumentation, Fortschrittskontrolle und Qualitätssicherung sowie ein fortlaufender Projektbericht.

5. Change-Abschluss

Die fertige Struktur wird übergeben, Erfahrungen in der Projekt-Retrospektive ausgetauscht und gesichert, die Projektdokumentation wird archiviert. Anschließend wird das Change-Projektteam aufgelöst.

Transformation

„Transformation bezieht sich auf eine Vielzahl sich gegenseitig beeinflussender Faktoren, auf die Gesamtheit eines sozio-kulturellen Systems. Das Ziel der Transformation ist die Umwälzung von Altem hin zu Neuem, die Neudefinition von Geschäftsmodellen, die Neuerfindung des Unternehmens." (Behrend 2022)

Transformation hat einen visionären, langfristigen Charakter und ist im Idealfall ein nicht endender Prozess, bei dem sich das Unternehmen immer wieder neu erfindet. Dieser Prozess ist mit vielen Risiken verbunden, da sowohl Management wie auch Mitarbeitende nicht den Ausgang kennen. Für die kontinuierliche Unternehmenstransformation empfiehlt sich der Einsatz des Deming-Zyklus, bekannt als „PDCA-Modell" (Plan-Do-Check-Act).

PDCA-Zyklus

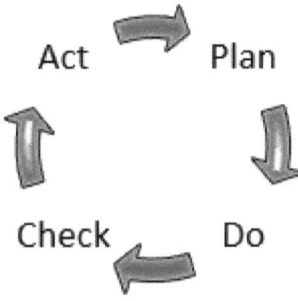

Abbildung 1: PDCA-Zyklus

Im idealen Fall ist die Transformation ein ununterbrochener Prozess. So einen Prozess stellt das PDCA-Modell dar.

Dieses Modell stellt einen KVP (einen Kontinuierlichen Verbesserungsprozess) dar und ist die Grundlage für alle QM-Systeme nach ISO. Das schafft Sicherheit und ermöglicht Akzeptanz. Unbewusstes Abwehr- und Vermeidungsverhalten bezüglich neuer Technologien wie zum Beispiel Künstlicher Intelligenz wird dadurch ausgeschlossen. Das erleichtert den ganzheitlichen Einsatz von neuen Technologien im Unternehmen und strukturiert die Transformationsprozesse.

Umgang mit Veränderung – „House of Change"

Veränderung ist für viele sehr schmerzhaft. Daher ist es wichtig, dass die Verantwortlichen die persönlichen Einstellungen und Gefühle der Betroffenen berücksichtigen, sie aus ihrer Lage herausholen und die positiven Seiten der Transformation richtig kommunizieren.

Wie Menschen auf Veränderungsdruck reagieren, wurde von dem schwedischen Wirtschaftspsychologen Claes Janssen intensiv untersucht. Sein Modell, bekannt als „House of Change" (Haus der Veränderung), umfasst vier typische Phasen (Räume) des Durchlaufens (und Erleidens) von Change-Prozessen:

- **Raum der (Selbst-)Zufriedenheit** – „Ich habe keinen Grund mich zu verändern. Es lebe der Status quo."
- **Raum der Ablehnung** – „Ich will mich nicht verändern. Das darf einfach nicht wahr sein."
- **Raum der Verwirrung** – „Ich weiß nicht, wie ich mich verändern soll. Ist das ein Durcheinander."
- **Raum der Erneuerung** – „Ich gestalte die Veränderung. Ich habe was dazugelernt."

Jeder dieser Räume beschreibt einen anderen emotionalen Zustand im Zuge eines Change-Prozesses. Die grundlegende Aussage des Modells ist, dass der Mensch bei jeder Veränderung immer durch alle vier Zimmer geht. Deswegen ist das Modell auch hervorragend geeignet, um das Verhalten von Menschen z.B. im Zuge der digitalen Transformation zu erklären.

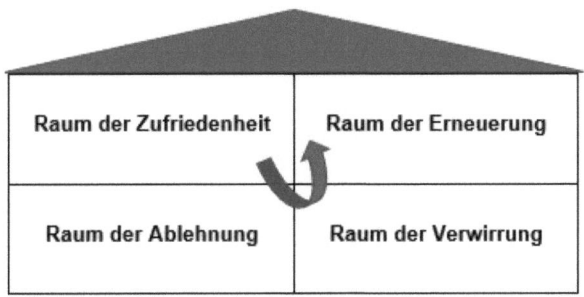

Abbildung 2: The House of Change nach Claes Janssen

Um erfolgreich Veränderungsprozesse im Unternehmen zu führen, sollen die Verantwortlichen diese Besonderheiten und das menschliche Verhalten beim Umgang mit Veränderungen berücksichtigen.

Change- und Transformations-Management

„Change-Management, Reorganisation – laufende Anpassung von Unternehmensstrategien und -strukturen an veränderte Rahmenbedingungen (Flexibilität). Das Change-Management soll ein Unternehmen ständig planvoll weiterentwickeln." (Gabler Kompakt-Lexikon Wirtschaft, 2012)

Change-Management kann nur durch Transformations-Management nachhaltig erfolgreich sein. Jedes Change-Management-Projekt ist ein Teil des Transformations-Managements und trägt zu der gesamten Unternehmens-Transformation bei.

Bekannte Methoden und Tools für Change-Projekte sind:

- Lego® Serious Play®
- Storytelling
- World-Café
- Design-Thinking
- Lean Startup

Die Methoden und Tools für Change-Projekte können auch bei Transformationsprozessen angewendet werden, ergänzt mit Kreativität, Experimentierfreude und Agilität. Das verlangt von Unternehmenslenkern und Verantwortlichen einen besonderen transformationsorientierten Führungsstil:

- Fehler- und Lernkultur vorleben
- Vernetzung und Kooperation
- hohes Vertrauen, wenig Kontrolle
- Kreativität
- regelmäßige, offene, teamorientierte und empathische Kommunikation

Warum scheitern Veränderungsprojekte?

Projekte scheitern an mangelnder Kommunikation und falsch angewendetem Change-Management. Viele Entscheidungsträger berichten, was sie alles vorhaben und wie sie das umsetzen wollen. Dieses Verhalten weckt Ängste und Unsicherheit. Den Mitarbeitenden sind die dahinterstehenden Ziele nicht klar. Das führt zur Abwehr- und Ablehnungshaltung.

Dieses Problem hat der britische Autor und Unternehmensberater Simon Sinek erkannt. Mit seinem Modell „Der goldene Kreis" zeigt er, wie erfolgreiche Unternehmen kommunizieren – sie beginnen mit der Frage „Warum?". Das weckt bei den Zuhörern Empathie und Verständnis. „Warum" steht für Visionen, Werte, Motivation. Das „Wie" ist der Prozess, die individuelle Art und Weise, wie ein Unternehmen seine Vision, sein „Warum" erreicht. Das „Was" sind die Fakten und Ergebnisse. Was tut man? Die meisten Unternehmen kommunizieren von außen nach innen, erfolgreiche Unternehmen dagegen beginnen mit „Warum" – von innen nach außen.

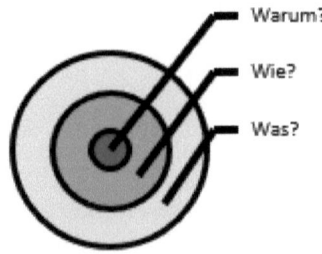

Abbildung 3: Der goldene Kreis nach Simon Sinek

Die Einführung neuer Technologien oder Transformationsprozesse soll die Antwort auf das „Warum" und die Unternehmensstrategie sein. Digitalisierung im Allgemeinen, aber auch der Einsatz von KI (Künstlicher Intelligenz) und maschinelles Lernen verändern unsere Wirtschaft und Gesellschaft grundlegend. Die Prozesse in der Industrie werden immer komplexer. Sie werden automatisiert und zunehmend dezentral gesteuert. Menschen, Maschinen und Produkte sind mehr und mehr miteinander vernetzt. Wir erleben die vierte industrielle Revolution.

Erfolgsfaktor Digitale Transformation

Internet of Things (IoT)

Das IoT (Internet der Dinge) ermöglicht, physische und virtuelle Objekte miteinander zu vernetzen und zusammenarbeiten zu lassen. Dabei handelt es sich um „Objekte, Geräte, Gebäude, Verkehrsmittel, Produktionsanlagen, Logistikkomponenten, Haushaltsgeräte etc., die eingebettete Systeme enthalten, welche

- **über Sensoren ihre Umwelt erfassen,**
- diese erfassten Daten auswerten und speichern und
- **über das Internet kommunizieren"** (Bauernhansl, 2017, S. 11–12).

Diese Objekte und Systeme können weitgehend autonom arbeiten. Erforderliche Interaktionen mit Menschen sind über Mensch-Maschine-Schnittstellen beispielsweise in Gestalt von Sprache, Gesten oder Touch Displays steuerbar.

Industrie 4.0

Industrie 4.0 basiert auf dem Einsatz von IoT in der Industrie, dem sogenannten Industriellen Internet of Things (IIoT). Wie IoT „integriert [IIoT] physische Objekte in digitale Netzwerke und ermöglicht die Gewinnung und Verwertung relevanter Nutzungs- und Umweltdaten im Industriekontext" (Oberländer & Übelhör, 2019, S. 1115). Wesentliche Voraussetzung für den Einsatz von IIoT sind cloudbasierte industrielle Plattformen. Mit diesen Plattformen lassen sich unterschiedliche Maschinen miteinander verbinden. Dadurch können diese miteinander kommunizieren.

Erfolgreiche Unternehmen betreiben kontinuierliches Innovationsmanagement, um ihre Geschäftsmodelle zu optimieren und auf Marktveränderungen schnell und proaktiv zu reagieren. Zur Umsetzung von „Industrie 4.0" werden „intelligente Produkte", „intelligente Produktion", IT-Sicherheit und Datenschutz sowie Normen und Standards einbezogen. Innovationsmanagement und Technologie gehen Hand in Hand zur Sicherung und Förderung der Wettbewerbs- und Zukunftsfähigkeit des Unternehmens.

Fazit und Ausblick

Unsere VUCA-Zeit wird durch dynamische Märkte, technologischen Wandel und Flexibilität in der Produktion geprägt. Im Zuge des digitalen Wandels sind agile Ansätze sowie eine neue Denkweise erfolgversprechend, um die zunehmende Veränderung zu meistern. Sowohl Management als auch Mitarbeitende sollen bei den neuen Rahmenbedingungen der Industrie 4.0 und der digitalen Transformation neue Fähigkeiten und Eigenschaften mitbringen, um auf das nächsthöhere Level zu kommen. Die Zeit für Mindset-Change ist da. Es geht nicht nur um „besser, schneller, höher und weiter", sondern darum, ob wir als Individuum zukunftsfähig sind. Dann sind wir auch Mensch 4.0.

Der neue Mensch 4.0. bringt viel Flexibilität und die Bereitschaft mit, sich ständig den neuen Gegebenheiten anzupassen.

Literatur

Bauernhansl, T.: Die Vierte Industrielle Revolution – Der Weg in ein wertschaffendes Produktionsparadigma. In: B. Vogel-Heuser, T. Bauernhansl & M. ten Hompel (Hrsg.), Handbuch Industrie 4.0 (Bd. 4 – Allgemeine Grundlagen, 2. Aufl., S. 1–31). Springer, 2017

Behrend, F. (2022): Change und Transformation – Ein Paar Schuhe? https://transformation.work/blog/impulse/change-und-transformation-ein-paar-schuhe/ [31.3.2022]

Gabler: Kompakt-Lexikon Wirtschaft, 11. Auflage. Springer Gabler, 2012

Gassmann, O., Csik, M., Frankenberger, K.: Geschäftsmodelle entwickeln: 55 innovative Konzepte mit dem St. Galler Business Model Navigator. Hanser, 2013

Janssen, C. F.: The Four Rooms of Change (Förändringens fyra rum). Wahlström & Widstrand, 1996

Oberländer, M., & Übelhör, J.: IIoT-basierte Geschäftsmodellinnovationen im Industrie-Kontext: Archetypen und praktische Einblicke. HMD – Praxis der Wirtschaftsinformatik, 56(6), 1113–1125, 2019

Sinek, S.: Frag immer erst: warum. Wie Top-Firmen und Führungskräfte zum Erfolg inspirieren. Redline, 2014

© privat

Monika Deinhart

Nach ihrem Studium der Haushalts- und Ernährungstechnik an der Fachhochschule Sigmaringen startete sie 1985 in einem Tochterunternehmen von Unilever in Heppenheim/Bergstraße im Bereich „Entwicklung von Speiseeis". Über 35 Jahre war sie rund um die Entwicklung und Qualitätssicherung von Lebensmitteln in verschiedenen Positionen, Unternehmen und an diversen Standorten innerhalb Deutschlands tätig. Internationales Netzwerken rund um den Globus, lebenslanges Lernen und das Verständnis für andere Kulturen – das lebt sie privat und beruflich.

Berufliche Umzüge, die Teilnahme an internationalen Konferenzen sowie ihre Schulungen und Vorträge innerhalb des Unternehmens– all das hat sie geprägt. Kündigung als Chance zum persönlichen Wachstum zu verstehen – für sie eine wichtige Botschaft an ihrem Sohn Maximilian.

Als Solopreneurin, Keynote-Speakerin und Mentorin teilt sie ihre wunderbaren Erfahrungen und außergewöhnlichen Erlebnisse. Ihre liebevollen und konkreten Rückmeldungen zeigen ihren Kunden kleine Stellschrauben, an denen sie drehen können. Mit dem Wechseln des eigenen Blicks sind Wachstum, Ideen und Erfolg möglich. Feedback zu Unternehmensprozessen mit dem Blick auf HOW, Generalproben von Seminaren oder wichtigen Gesprächen wie z.B. Einstellungs- oder Trennungsgesprächen sind ihr Spektrum. Die Generalprobe mit ihr schafft Sicherheit – in der Premiere erntet ihr Kunde den Applaus.

Ihr Lebensmotto: Eine Tür geht zu und eine andere geht auf – ich darf sie finden wollen!

blickwechsel@monikadeinhart33.com
https://www.monikadeinhart33.com

Blick frei für den Wandel

„Ich will so bleiben wie ich bin!" – dieser Werbeslogan hat mich jahrelang begleitet. Er kam von einem lebensmittelproduzierenden Unternehmen und versprach Genuss ohne Reue. Schon immer verspürte ich dabei ein Bauchgrummeln und dachte: „Da stimmt was nicht."

Das Leben ist eine stetige schleichende Veränderung, die wir erst im Rückblick wahrnehmen. Kommt ein Kind auf die Welt, ist es hilflos und auf Liebe, Fürsorge, Wärme und Nahrung angewiesen. Dann wächst es täglich und entwickelt sich: Lächeln, Rollen auf den Bauch, erste Laute … Im Rückblick sind Eltern, Großeltern erstaunt, wie schnell die Zeit vergeht und was das Baby alles gelernt hat. In der gleichen Zeit haben sie sich unbewusst manchmal auch selbst verändert – ohne es zu merken.

Als „Erwachsene" haben wir das Gefühl, wir könnten alles, und ruhen uns auf dem Wissen aus. Da höre ich dann oft Argumente wie: „Warum soll ich noch was lernen?" oder „Das ist so schwierig". Veränderung ist mühsam, besonders, wenn sie unfreiwillig geschieht. In Unternehmen werden in (un-)regelmäßigen Abständen Software-Updates durchgeführt, neue Maschinen gekauft, Prozesse geändert. Dabei kommt es oft zu Konflikten. Die einen Mitarbeitenden freuen sich auf das Neue, andere sind skeptisch, und wieder andere verweigern sich oder boykottieren sogar.

Es gibt mittlerweile Seminare, in denen Menschen wie Sie und ich uns neu erschaffen können. Ich kreiere mein Zukunfts-Ich und entwickle mich mit oder ohne Begleitung dann schrittweise und durchgeplant zu diesem neuen Ich.

So stellte ich mir und stelle jetzt auch Ihnen als Leser*in folgende Fragen: Ist es möglich, aus „Mensch 1.0" einen „Mensch 2.0" oder gar „Mensch 4.7.11" zu machen? Kann das gelingen, und was wäre dazu die Voraussetzung?

Das beleuchte ich in den nachfolgenden Geschichten. Wenn Sie wollen, schreiben Sie auf, was Sie jetzt zu diesem Thema denken und welche Gedanken Sie nach dem Lesen dieses Sammelbandes bzw. meines Buchbeitrags haben.

Veränderung im Büro: Schreibmaschine oder PC?

Meine Diplomarbeit schrieb ich – für die damalige Zeit sehr fortschrittlich – auf einer elektrischen Schreibmaschine mit Korrekturfunktion. Es war ein Geduldsspiel, im Nachhinein Tippfehler zu korrigieren. In meiner ersten Arbeitsstelle hatte die Sekretärin Frau Meier eine IBM Kugelkopf-Schreibmaschine und schrieb damit in Windeseile alle Briefe für die komplette Abteilung. Offizielle Geschäftsbriefe wurden bei Fehlern neu geschrieben, Faxe wurden mit Tipp-Ex® und ggf. Kopierer korrigiert. Sie war sehr erfindungsreich und kannte alle Tricks.

Dann kam eines Tages der Projektleiter Herr Schwarz in das Sekretariat und eröffnete ihr, dass sie auserwählt sei für den ersten PC der Abteilung. Gerne hätte er diesen gehabt – er war sehr technik-affin. Doch der Vorgesetzte hatte sich für Frau Meier entschieden, da diese für die gesamte Abteilung den Schriftverkehr erledigte. Er dachte, Frau Meier fiele ihm sinnbildlich um den Hals.

Doch statt Freude stand Entsetzen in ihrem Gesicht. Sie fühlte massiven Widerstand gegen das Ungetüm in sich aufsteigen – sie dachte an den Platz, den PC und Drucker belegen würden – und an ihre Kugelkopf-Schreibmaschine, die sie doch so perfekt beherrschte! Herr Schwarz verstand die Reaktion keineswegs und informierte den Vorgesetzten über ihre Abneigung. Doch die Entscheidung blieb fest.

Frau Meier hatte den Invest-Antrag für den PC zu schreiben und tat es nur unter Protest. Eine Abmahnung schwebte wie ein Damoklesschwert über ihr.

Frau Meier war grundsätzlich Neuem gegenüber aufgeschlossen. Erst vor drei Monaten war ein Faxgerät angeschafft worden. Bis dahin waren eilige Nachrichten mit dem Lochstreifen-Telex versandt worden. Mit der Zahl der Geschäftspartner*innen, die auch ein Faxgerät anschafften, verringerte sich die Anzahl der zu versendenden Telexe. Das war für Frau Meier eine sehr große Erleichterung. Das Faxgerät stand im Nebenzimmer ihres Büros. Für jedes Telex war ein Gang in das Bürogebäude auf der anderen Straßenseite notwendig. Dieser für sie persönliche Nutzen war Frau Meier sofort klar. Hier war keine Überzeugungsarbeit notwendig. Den Einsatz eines PCs sah sie jedoch als „Spielerei" an. Sie hatte viele Anschläge pro Minute und schon manche Auszeichnung für *ihre Schreibmaschinenkünste erhalten. Würde ihr die Schreibmaschine eine Kündigung wert sein?*

Die Lieferzeit für einen PC war damals ca. vier Wochen, und in dieser Zeit gab es endlose Diskussionen zwischen Frau Meier und Herrn Schwarz – besonders wenn der Abteilungsleiter auf Geschäftsreisen war.

Mittlerweile hatten sich zwei Lager in der Abteilung gebildet – eins pro IBM Kugelkopf und eins pro PC, und die Stimmung im Büro war angespannt, fast explosiv.

Eines Morgens hatte Herr Schwarz eine Idee. Er schloss mit Frau Meier folgende Wette ab: Wenn Frau Meier zwei Wochen nach Installation und Einarbeitung in den PC noch immer die Schreibmaschine bevorzugen sollte, erhielte sie von ihm eine Flasche Champagner. Wenn sie dann dem PC den Vorzug gäbe, müsste sie ihm eine Flasche Champagner spendieren. Das war damals die erste Abteilungswette zu einem Veränderungsprozess, und alle waren gespannt über den Ausgang.

PC und Drucker kamen, die Schreibmaschine blieb parallel stehen, der Platz war etwas eng. Während der ersten drei Tage war der Projektleiter fast ständig im Sekretariat. Texte verschwanden, weil die Speicherung vergessen wurde, die Tastatur war anders durch die Sonderzeichen und damit das Schreibtempo vermindert. Vorlagen zu erstellen und zu nutzen war noch ungewohnt. Immer wieder gab es Diskussionen – und dann kam der vierte Tag.

Herr Schwarz betrat sein Büro – und was erwartete ihn auf seinem Schreibtisch? Eine Flasche Champagner ☺. Frau Meier hatte alle Widerstände aufgegeben. Die Schreibmaschine wurde anfangs noch für Adressen genutzt, bis auch diese mit dem PC erstellt wurden.

Nach und nach wurden in der Abteilung weitere PCs installiert und Frau Meier gab ihr Wissen dazu gerne weiter und ermunterte zur Nutzung. Champagner-Wetten wegen eines PCs waren überflüssig geworden.

Zehn Jahre später hatte ich ein Déjà-vu-Erlebnis in einem anderen Unternehmen. Auch da wurden die Schreibmaschinen abgeschafft und durch PCs ersetzt. Viele der Mitarbeitenden freuten sich hier jedoch darauf, weil sie schon privat einen PC nutzten. Sie hielten das Unternehmen eher für altmodisch, weil es erst so spät umstellte.

Immer wieder ergeben sich solche Situationen in Unternehmen: Etwas Neues soll eingeführt werden, und die Fronten zwischen Führungskraft und Mitarbeitenden sind verhärtet. Keiner bewegt sich einen Millimeter. Aus meiner langjährigen Erfahrung werden Verweigerungen bzw. Hinweise auf auftretende Probleme von den Vorgesetzten oft als persönlicher Angriff gesehen.

Um eine Trennung bzw. Kündigung zu vermeiden, sind Mediationen sehr hilfreich und wertvoll. Die Mitarbeitenden erkennen die Wertschätzung darin und sind dankbar – sie und ihr Wissen bleiben dem Unternehmen erhalten. Der Blick einer Mediatorin oder eines Mediators von außen zeigt konstruktive interne Ansätze auf und ist angesichts des steigenden Fachkräftemangels eine lohnende Instanz.

Haben Sie Mediationen vor Trennungsgesprächen schon ausprobiert und damit Erfahrungen gesammelt?

Veränderung durch Umzug: Warum stinkt's hier so?

Ein unbewusster Wandel erfolgt auch immer nach einem Umzug. Viele verlassen nach der Schule ihr Elternhaus für ihre weitere Ausbildung, viele müssen aus Jobgründen umziehen, einige tun es der Liebe wegen – es gibt viele Gründe für einen Umzug. Doch jeder Ortswechsel prägt uns. Alle Wege sind neu und wir nehmen die Außenwelt plötzlich anders wahr, einschließlich der Gerüche und Geräusche. Da fällt mir die nächste Geschichte ein:

2009 schloss das Unternehmen, in dem ich damals arbeitete, seine Entwicklungsabteilung in Nürnberg und schuf Ersatzarbeitsplätze in Uelzen. Also zog ich mit meinem damals 9-jährigen Sohn von Nürnberg nach Bad Bevensen um. In Nürnberg hatten wir sehr zentral in der Nähe der Burg gewohnt – dem Wahrzeichen der Stadt. Die Straßenbahn fuhr damals von 5 Uhr morgens bis Mitternacht an unserem Haus vorbei. Das Bimmeln, das Schleifen auf den Schienen, das Hupen der Autos, alles hatte ich unbewusst abgespeichert und auch ausgeblendet. Wenn ich morgens aufwachte und noch keine Straßenbahn hörte, wusste ich: Ich darf weiterschlafen.

Bad Bevensen ist eine Kurstadt, und hinter unserem Haus lag ein Kartoffelacker. Gewöhnt an Straßenbahn- und Autolärm schreckte ich am ersten Morgen im Bett auf: Da ich immer bei geöffnetem Fenster schlafe, hörte ich deutlich Geschnatter und ungewohnten Lärm. Es klang so nah, als ob sich neben meinem Bett Menschen in einem Kauderwelsch unterhielten, und doch war niemand zu sehen. Ich spähte hinaus in den Garten, doch auch dort war niemand. Ich lauschte und lauschte und erkannte: Es waren die Vögel, die lautstark den frühen Morgen begrüßten. Als Stadtmensch hatte ich sie nur selten gehört, oft auch überhört. Doch hier begleiteten mich Vögel und manchmal auch ein Reh im Garten durch mein „neues" Leben, und ich genoss die Natur mit meinem Sohn.

Knapp drei Monate nach dem Umzug besuchte ich mit meinem Sohn Freunde in Nürnberg. Wir standen wieder an der Ampel, an der wir auf dem Weg zur Schule während unserer Zeit in Nürnberg täglich gewartet hatten. Mein Sohn fragte spontan: „Mama, warum stinkt's hier so?" Schon nach drei Monaten hatte er die Luftveränderung von der Natur in Bad Bevensen zur Nürnberger Innenstadt mit vierspurigem Autoverkehr wahrgenommen.

Kennen Sie solche Erlebnisse? Was haben Umzüge bei Ihnen an Erfahrungen hinterlassen? Wo passen Sie sich an bzw. fordern von anderen die Anpassung an neue Prozesse?

Dem dm-Gründer Götz Werner wird der Satz zugeschrieben: „Veränderungen geschehen aus Einsicht oder Katastrophen." Brauchen wir eine Katastrophe, um neue Wege zu gehen? Damit beschäftige ich mich in der nächsten Geschichte.

Veränderung der Persönlichkeit: Sonja 4.7.11

Ist es wirklich möglich, sich selbst umzuprogrammieren und sich als neuen Menschen zu erschaffen? Wenn ja, wie geht das?

Nach ihrer ersten betriebsbedingten Kündigung war es für Sonja selbstverständlich, wieder in einem Reisebüro in Deutschland zu arbeiten. Komplett die Branche zu verlassen oder gar in die Selbstständigkeit zu gehen, war für Sonja undenkbar.

Natürlich gab es Phasen, in denen Sonja mit manchem bei der Arbeit unzufrieden war. Auch viele Mitarbeiter stellten sich die Gretchenfrage

„Bleiben oder gehen", und einige ihrer Noch-Kollegen hatten schon längst innerlich gekündigt. Sonja hatte einen Kollegen, der oft sehr unzufrieden war. Zwei Monate nach seinem Wechsel zu einem anderen Unternehmen besuchte er seine alte Abteilung und sagte: „War doch schön hier mit uns im Team." Da dachte Sonja spontan: „Als du hier warst, hast du anders gesprochen." Ein früherer Kollege brachte in solchen Fällen immer den Spruch: „Die Erinnerung verklärt!"

Heute gibt es viele Führungskräfte und Mitarbeiter, die mit Anfang oder Mitte 50 den mehr oder weniger goldenen Handschlag bekommen. Lange haben sie für „ihr" Unternehmen gebrannt, das Mindset des Unternehmens übernommen – und dann (r-)aus.

Oft stürzen diese Menschen in eine Sinn-Krise. War es das gewesen? Was geht noch? Was ist mir wichtig? Manche buchen dann teils hochpreisige Kurse, erkaufen sich sozusagen die Hoffnung auf eine Veränderung, freuen sich auf ein neues Leben im Schlaraffenland und landen dann in der harten Realität – bei sich selbst, ihren Talenten und den Selbstzweifeln. Der Kurs ist zu Ende, ein weiteres Produkt kann gebucht werden – mit oder ohne Erfolgsgarantie.

Manche erreichen auch einen nachhaltigen Wandel, sehen ihre bisher ungenutzten Talente, entdecken Wachstumschancen sowohl in ihrem persönlichen als auch im geschäftlichen Bereich und starten neu durch. Herzlichen Glückwunsch – für das persönliche Durchhaltevermögen und den Mut zum Wandel.

Im Rückblick hat aus meiner Sicht jeder von uns schon sehr viele Wandel und Anpassungen unbewusst erlebt und darf darauf stolz sein. Als Baby durchlebte man Lebenswandel 1.0, als Schulabgänger dann auf jeden Fall schon 2.0.

Viele Veränderungen passieren unbewusst, indem wir uns an die Umgebung anpassen, uns mit den Gegebenheiten abfinden, die Realität akzeptieren.

Bewusst geplante Anpassungen geschehen dann, wenn wir bereit sind, neu zu denken. Viele denken erst einmal daran, was ihr Traum als Kind war: Polizist, Feuerwehrmann, Schauspieler … Kann ein Arzt z.B. Rosenzüchter werden? Wollte der Bäcker früher Schlagzeug spielen und fängt jetzt an, es zu lernen? Entdeckt jemand sein Talent zum Schreiben von Texten und bereichert damit die Welt?

Meine feste Überzeugung ist: Jeder Mensch hat sein Leben lang die Möglichkeit, etwas anderes zu tun und vor allem, anders zu denken. Jede Veränderung beginnt mit der bewussten Entscheidung und der Erlaubnis, den Wandel zu denken.

Jugendliche erlebe ich teilweise sehr klar in dem, wie sie sich ihre Zukunft in fünf oder zehn Jahren vorstellen. Auch ich hatte mit 18 konkrete Vorstellungen, wie mein Leben in fünf Jahren aussehen soll. Erlauben wir es uns auch noch mit 40, 50 oder 60, zu träumen, unsere Zukunft zu kreieren und im neuen „Ich" anzukommen?

Sonja hat es gewagt. Nach ihrer zweiten betriebsbedingten Kündigung mit 45 Jahren, acht Monaten Arbeitslosigkeit und Absagen auf ihre unzähligen Bewerbungen lernten wir uns auf einer privaten Feier kennen. Wir lachten über die gleichen Situationen. Zu später Stunde ergab sich ein sehr fruchtbares Gespräch über Sinn und Unsinn des Lebens. Es folgten weitere Treffen.

Sonja war verzweifelt, ihr fehlte jedes Vertrauen in sich und ihre Fähigkeiten. Ihre bisherige Tätigkeit, Reisen zu verkaufen, passte nicht mehr. Sie fühlte sich als Verliererin, nutzlos, und sah schwarz für jegliche Zukunft. Schulden lasteten auf ihr für Kurse, die sie in ihrer Not gebucht hatte.

Natürlich braucht es Zeit und den Willen, sich mit sich selbst zu beschäftigen und auch die sogenannten blinden Flecken anzuschauen. Sonja hatte schon viel Geld verbrannt und auch kein Vertrauen mehr in einen „Coach". Andererseits war sie so verzweifelt, dass sie doch noch nach einem weiteren Strohhalm griff und sich auf ein Feedbackgespräch mit mir einließ.

Sonja pickte sich in unseren Treffen aus dem Gedanken-Buffet die Samen heraus, die sie zu ihrem persönlichen Wachstum gerade brauchte. Manche Lektüre ergänzte dies und Sonja blühte sichtlich auf. Aus der Frau mit dem gebeugten Rücken, dem gesenkten Blick und dem mutlosen Gang wurde eine Frau, die beim Spaziergang von Unbekannten gegrüßt wurde. Der Wandel wurde sichtbar. Sie erlebte eine neue und sehr angenehme Resonanz mit ihrer Außenwelt.

Nach neun Monaten kam sie mir freudestrahlend entgegen: „Ich wandere aus nach Mallorca und arbeite in einem Café. Alles Weitere wird sich ergeben."

Für mich war spürbar: Da hat jemand seine Bestimmung gefunden, sich neu entdeckt. Sonja 4.7.11 stand vor mir und strahlte über das ganze Gesicht.

Aus meiner Sicht hat jeder Mensch die Möglichkeit, jederzeit neu anzufangen. Es braucht den Mut zu erkennen, dass etwas im Leben aus dem Ruder läuft. Dazu gehört der Wille, dies zu ändern, und die Bereitschaft, sich neuen Gedanken zu öffnen. Da komme ich manchmal ins Spiel und erhalte nach dem Mentoring das Feedback: Liebevoll formuliert: „Du hast mir einen Stupser gegeben und der brachte mich vorwärts." Andere wiederum sagen: „Ohne deine kleinen bzw. größeren Senf-Portionen zu meinem Leben und meiner Situation säße ich noch heute auf meiner Couch, und die Delle in der Sitzfläche wäre noch tiefer geworden. Jetzt verteile ich selber Senf als Feedback. ☺"

Meine Erfahrungen im Leben:

- Jeder Mensch kocht nur mit Wasser.
- Jeder Mensch hat eine individuelle Lernkurve.
- Jeder Mensch braucht seine eigenen Erfahrungen, um nachhaltig zu lernen und sich Veränderungen zu erlauben.
- Ein*e Mentor*in allein ist wie ein Buch in einem leeren Bücherregal. Der Trend geht zum/zur Zweit- oder Dritt-Mentor*in – je nach Thema und Lebenssituation.

Jetzt komme ich nochmals zurück zu meinen ersten Fragen:

Ist es möglich, aus „Mensch 1.0" einen „Mensch 2.0" oder gar „Mensch 4.7.11" zu machen? Kann das gelingen, und was wäre dazu die Voraussetzung??

Ja, es ist möglich, es kann gelingen! Haben Sie den Willen und den Mut für ein Update Ihres Lebens – beruflich oder privat. Geben Sie sich die Erlaubnis, den Wandel zu denken. Das ist der erste Schritt zu Ihrem persönlichen Upgrade.

Wenn Sie mögen, probieren Sie meinen Feedback-Senf aus. Entdecken Sie selbst, welche Senf-Menge Ihnen heute oder morgen schmeckt. Ich helfe Ihnen dabei, aus Ihren Talenten, Werten und Stärken ein Gedanken-Buffet aufzubauen, von dem Sie sich je nach Lebenssituation bedienen und dadurch weiterentwickeln können.

© Werner Bachmeier

Gerhard Endres

Nach der Fachoberschule für Wirtschaft, dem Studium der Sozialpädagogik, der Philosophie und der Katholischen Theologie in Benediktbeuern begann er 1984 mit der Arbeit als Religionslehrer in einer Berufsschule in Teilzeit. Seine Erfahrungen im Zivildienst mit jugendlichen Drogenabhängigen, sein frühzeitiges Arbeiten in den Schul- und Studienferien im Straßenbau oder bei der Herstellung von über 4000 Reißverschlüssen pro Tag zeigten früh sein Interesse für die Realität der Arbeitswelt. Die Arbeit in der Berufsschule verband er von Anfang mit der Weiterentwicklung der Berufsbildung, das vertiefte Reflektieren der eigenen Arbeit als Supervisor und Sozialmanager und die fortlaufende Vorbereitung, Organisation und der Durchführung von unterschiedlichen Fortbildungsveranstaltungen.

Zu seinen Schwerpunkten zählen Themen rund um die Berufsausbildung, gesellschaftsethische Themen wie die Zukunft der Arbeit oder die Weiterentwicklung des Sozialstaats. Dies führte von Anfang an zu Veröffentlichungen in Tageszeitungen, im Rundfunk und Fachpublikationen. Vertieft wurde die Kompetenz durch längere Fortbildungen im Institut zur Fortbildung des publizistischen Nachwuchses (ifp) und vertiefte Fachfortbildungen.

Derzeit ist der Theologe und freie Journalist Gerhard Endres Mitglied in einer Online-Redaktion über berufliche Bildung und einer Münchner Stadtteilzeitung und moderiert eine Sendung für einen kirchlichen Sender.

mobil 0171 4969971
Gerhard.endres@icloud.com
https://www.gerhardendres.com

Mehr als Adaptabilität: Von der Entfremdung zur Solidarität des Menschen

Ein kursorischer geschichtlicher Rückblick

Ein Synonym für „Adaptabilität" ist laut Wahrig „Anpassungsfähigkeit".[1] Anpassungsfähigkeit galt als Markenzeichen der Deutschen nach dem Zweiten Weltkrieg: Das deutsche „Wirtschaftswunder" zeichnete sich auch dadurch aus, dass harte Aufbau-Arbeit das Nachdenken über die Ursachen für den Zweiten Weltkrieg und die Entstehung zunächst ersetzte. Erst in der Zeit der Studentenbewegung wurden von den Kindern der Eltern, die den Krieg erlebt hatten oder im Krieg gewesen waren, ausführlich Fragen nach den Ursachen des Nationalsozialismus gestellt. Kinder fragten ihre Eltern: „Was hast du in dieser Zeit getan? Warst du Täter, Mitläufer oder Opfer des Nationalsozialismus?"

Auch heute noch müssen sich Personen, die mehr oder weniger aktiv den Nationalsozialismus unterstützt oder in den Konzentrationslagern als Unterstützer des Systems gewirkt haben, vor Gericht verantworten. Bekanntlich wurden erst in der Zeit der Studentenbewegung intensiv die Strukturen befragt, die dieses Unrechtssystem möglich gemacht hatten.[2] Doch noch Jahrzehnte nach Kriegsende konnten maßgebliche Unterstützer des NS-Systems in Verwaltung, Bundeswehr, Geheimdiensten etc. herausragende Positionen einnehmen. Manche Bundesverwaltung und manches Bundesgericht erforscht erst seit dem Jahr 2022 in diesem Zusammenhang die eigene Geschichte und die der maßgeblichen Personen genauer.[3] Bedeutende juristische Standardwerke wurden bis vor Kurzem

---

[1] Brockhaus Wahrig: Deutsches Wörterbuch, Stichwort „Anpassungsvermögen" 9. Auflage 2015.

[2] Es gab einige Veröffentlichungen: Eugen Kogon etc. und mutige Richter wie Fritz Bauer.

[3] Pressemitteilung des Bundesarbeitsgerichts vom 29.9.2021: „Die Geschichte des Bundesarbeitsgerichts seit der Errichtung um Jahr 1954 ist mit Blick auf mögliche personelle und inhaltliche Kontinuitäten aus der Zeit des Nationalsozialismus bisher nicht umfassend erforscht ... Das Forschungsvorhaben wird Anfang des Jahres 2022 beginnen und ist auf einen Zeitraum von drei bis vier Jahren angelegt."

noch unter dem Namen von NS-Unterstützern herausgegeben.[4] Kurzum: Anpassung galt lange als maßgebliches Gen für das Wirtschaftswunder.

In diesem Beitrag wird versucht, im ersten Schritt, dem Sehen, mit dem Begriff „Entfremdung" und den damit verbundenen Entfremdungsphänomenen die Gesellschaft und den Menschen in der Gesellschaft zu betrachten.

Im zweiten Schritt, dem Urteilen, werden mögliche Konsequenzen und Folgerungen angedeutet.

Im letzten und dritten Schritt werden exemplarisch mehrere Handlungsstränge, die miteinander verwoben sind, vorgestellt.

Sehen: Entfremdungsphänomene in der Gesellschaft

Wohnumfeld, Arbeitsplatz, Vermögensverhältnisse, Beziehungen und die Form der Partnerschaft, Freunde und viele andere Faktoren beeinflussen den Menschen. Der Gesamtzusammenhang wird mithilfe der Sozialtheorie betrachtet. Andreas Reckwitz, einer der führenden Soziologen, erklärt: „‚Das Soziale' soll eine kollektive Ebene bezeichnen, eine, die über die Individuen, ihr je individuelles Handeln und ihre partikularen Interessen hinausgeht."[5]

Bekanntlich gilt Karl Marx als einer der ersten Philosophen, der die Entfremdung des Menschen in der Arbeit beschrieben hat.[6] Nicht nur in der kritischen Theorie wird über den Begriff „Entfremdung des Menschen" nachgedacht. Papst Johannes Paul II. hat in der Sozialenzyklika Laborem Exercens (Über die menschliche Arbeit) 1981 die Arbeitsteilung in der

---

[4] t-online, https://www.t-online.de/region/muenchen/news/id_90520652/nach-nazi-ueber-pruefung-justiz-standardwerke-werden-umbenannt.html, 27.7.2021: „Justizlehrbücher werden nach Nazi-Überprüfung umbenannt. Der ‚Palandt' ist ein Standardwerk für Juristen. Benannt ist es nach einem Juristen aus der der Zeit des Nationalsozialismus." Und weiter: „Auch alle anderen Werke, bei denen in der NS-Diktatur aktive Juristen als Autoren oder Herausgeber genannt sind, werden andere Namen erhalten." Der Loseblattkommentar zum Grundgesetz (bisher: Maunz/Dürig) wird nun „Dürig/Herzog/Scholz" heißen und die Gesetzessammlung „Schönfelder" nun „Habersack".

[5] Reckwitz/Rosa, 2021, S. 29.

[6] Karl Marx, Frühe Schriften, Darmstadt 1962.

Wirtschaft und die Trennung der Arbeit vom Kapital kritisiert.[7] Auch so unterschiedliche Philosophen wie Ernst Heidegger oder Arnold Gehlen haben den Entfremdungsbegriff reflektiert.

Die Philosophin Rahel Jaeggi entfaltet und aktualisiert in ihrer im Jahr 2016 überarbeiteten Dissertation über Entfremdung diesen Begriff und seine Verästelungen. In ihrem Nachwort zur Taschenbuchausgabe (2019) betont sie, dass der Begriff „Entfremdung" in den letzten Jahren neue Aufmerksamkeit erfahren habe.[8] „Ob als sozialtheoretischer Gegenbegriff zu ‚Resonanz' (2)[9] oder im Zusammenhang mit Zeitdiagnosen wie Burnout, Depression, dem ‚erschöpften Selbst' (3)[10] oder der Müdigkeitsgesellschaft (4)[11] – das Bedürfnis nach gesellschaftlicher Selbstverständigung mithilfe des Begriffs der Entfremdung ist wieder größer geworden."[12] Trotzdem: Der Begriff Entfremdung ist komplex: Er „ist ein Deutungsmuster, ein Begriff, mit dem man sich (individuell oder kollektiv) über sich und die Welt verständigt".[13] Jaeggi definiert, wann die Verwendung eines Deutungsmusters produktiv ist: „Wenn es uns in die Lage versetzt, Aspekte der Welt wahrzunehmen, zu beurteilen oder zu verstehen, die ohne dieses Deutungsmuster unkenntlich bleiben würden."[14] Beim Entfremdungsbegriff können verschiedene Phänomene zusammengedacht und so Zusammenhänge erkannt werden, die sonst nicht gesehen worden wären.[15] Jaeggi sieht den Entfremdungsbegriff „quer zu gängigen Problembeschreibungen:

- Entfremdung ist verbunden mit dem Problem des Sinnverlusts, ein entfremdetes ist ein ‚verarmtes' oder bedeutungslos gewordenes Leben

---

[7] Sekretariat der Deutschen Bischofskonferenz (Hrsg.), Enzyklika LABOREM EXERCENS von Johannes Paul II. über die menschliche Arbeit zum neunzigsten Jahrestag der Enzyklika „RERUM NOVARUM" (Verlautbarungen des Apostolischen Stuhls 32) Bonn 1981, S. 13.

[8] Vgl. Jaeggi, S. 311.

[9] Vgl. Jaeggi, S. 311, vgl. Rosa 2016.

[10] Vgl. Jaeggi, S. 311, vgl. Ehrenberg 2008.

[11] Vgl. Jaeggi, S. 311, vgl. Han 2010.

[12] Jaeggi, S. 311.

[13] Jaeggi, S. 45.

[14] Jaeggi, S. 45.

[15] Vgl. Jaeggi, S. 45.

– aber es ist eine Art von Sinnlosigkeit, die sich mit Machtlosigkeit und Ohnmacht verschränkt.

• Entfremdung ist (damit) ein Herrschaftsverhältnis, das andererseits in gängigen Beschreibungen von Unfreiheit und Heteronomie nicht aufgeht.

• Entfremdung bedeutet Unverbundenheit oder Fremdheit – aber eine Fremdheit, deren Pointe darin besteht, dass sie sich von einfacher Beziehungslosigkeit unterscheidet."[16]

Das können nur ein paar Schlaglichter auf einen Begriff sein, der hilft, die Tiefe der Herausforderungen des heutigen Menschen zu beleuchten: in der agilen Arbeitswelt, in den veränderten menschlichen Rollenanforderungen für jede Person und den zusätzlich gewandelten Anforderungen an ein Leben unter dem Vorzeichen der Antworten auf einen globalen Klimawandel und Umweltveränderungen.

Urteilen: Konsequenzen und Folgerungen

Am hier nur ein wenig skizzierten Entfremdungsphänomen zeigt sich exemplarisch, dass Adaptabilität als Leitziel in der Umsetzung nicht einfach zu erreichen ist. Der Mensch ist auf vielen unterschiedlichen Ebenen gefordert, daher kann es auch keine einfache Antwort in einer demokratischen Gesellschaft geben.

Aktuell lässt sich dies deutlich an den politischen Antworten auf Lösungen für die Bekämpfung und damit die Beendigung der Pandemie zeigen. Eine stark staatlich gelenkte Gesellschaft wie in China kann Millionen Menschen kurzfristig isolieren und das Leben von heute auf morgen in den Lockdown führen. In den Demokratien sind staatliche Handlungen Folge von demokratischen Aushandlungsprozessen.

Der Entfremdungsbegriff kann helfen, die notwendigen Überlegungen für eine Adaptabilität auf eine realistische Grundlage zu stellen. Die Komplexität von Adaptabilität sollte nicht unterschätzt werden. Der Münchner Sozialpsychologe Dieter Frey veröffentlichte mit vielen Mitarbeitern die „Psychologie der Werte". Das Buch soll nach Frey „einerseits

---

[16] Jaeggi, S. 45.

als Nachschlagewerk, andererseits als Diskussionsgrundlage dienen".[17] Die Vielfalt der Begriffe zeigt, dass Adaptabilität als Prozess zu verstehen ist, der wie viele Lernprozesse den Menschen ein Leben lang begleitet und fordert. In dem Buch werden folgende Begriffe vorgestellt, erläutert und jeweils ein Fazit und ein Ausblick angeboten: Achtsamkeit, Autonomie, Dankbarkeit, Empathie, Generosität, Gerechtigkeit, Mäßigung, Nachhaltigkeit, Nächstenliebe, Offenheit, Optimismus, Rationalität und kritischer Rationalismus, Resilienz, Respekt, Selbstreflexion, Selbstwert und Selbstvertrauen, Selbstwirksamkeit, Tapferkeit, Toleranz, Verantwortung, Vergeben, Vertrauen, Weisheit, Wissbegierde und Zivilcourage.[18]

Die Vielfalt der Begriffe zeigt auch die Aufgabe einer Klärung der Begriffe und die Stärkung der Urteilsfähigkeit. Werte sind die Basis für das menschliche Handeln und Zusammenleben. Basis unserer Werte ist das Grundgesetz: „Die Würde des Menschen ist unantastbar." (Art 1, GG)[19]

Handeln: Verschiedene verknüpfte Handlungsstränge

Hier kann es nur um einige ausgewählte Gesichtspunkte gehen, eine umfassende Handlungsstrategie sprengt den Rahmen des Beitrags.

Die Resilienz, die „Widerstandsfähigkeit" des Menschen und der Gesellschaft, gilt als wichtiges Element auch der Anpassungsfähigkeit des Menschen und der Gesellschaft. Doch Resilienz entwickelt sich nicht allein, daher wird oben im zweiten Schritt beschrieben, wie notwendig es ist, die Widerstandsfähigkeit zu fördern. Ein wichtiges Ergebnis könnte dann sein, dass die Menschen solidarisch handeln und damit ihre Resilienz und die gelernte Widerstandsfähigkeit in ein solidarisches Handeln überführen.

---

[17] Frey, VII.

[18] Frey, XI – XVI (Inhaltsverzeichnis).

[19] Vgl. Grundgesetz für die Bundesrepublik Deutschland vom 23. Mai 1949.

Resilienz erfassen und üben

Resilienz ist der Begriff mit dem Wundertüteneffekt. Professor Dr. Martin Schneider definiert: „Unter Resilienz wird die Fähigkeit verstanden, an Widerständen nicht zu zerbrechen, sondern sich als widerstandsfähig zu erweisen. Diese Eigenschaft trifft auf Materialien zu, die, wenn großer Druck auf sie ausgeübt wird, nicht zerbrechen oder einen Sprung bekommen. Ein Material ist dann resilient, wenn es elastisch, federnd und nachgiebig ist wie zum Beispiel der Bambus."[20]

Für Schneider kann dieses Prinzip auf den Menschen angewendet werden: „Resiliente Menschen ‚zerbrechen' nicht, sie lassen sich nicht unterkriegen. Sie haben eine gewisse Widerstandsfähigkeit, wenn sie sich in dramatischen Situationen befinden, wenn sie Krisen auszuhalten oder Schocks zu verkraften haben. Das gelingt ihnen, weil sie auf persönliche und sozial vermittelte Kraftquellen zurückgreifen können."[21] Mittlerweile wird Resilienz in vielen Bereichen angewendet, vor allem auch in Ökosystemen. Für Schneider kann man „Resilienz als ‚psychisches Immunsystem' verstehen, das durch komplexe Wechselwirkungen von Gefahren, Veränderungen und Regenerationen gestärkt wird."[22] Klar kann es für Schneider Menschen geben, die von Geburt an robuster und widerstandsfähiger sind, doch „zum ganz großen Prozentsatz lässt sich Resilienz erlernen. Sie ist ein lebenslanger Prozess, keine statische Eigenschaft, kein Zustand, sondern ein Entwicklungsergebnis."[23] Das lässt sich auch auf eine Gesellschaft übertragen. Hier sieht er vier Aspekte: „Das Ernstnehmen von Gefahren, eine angemessene Vorbereitung, die Anpassung an die neue Realität und die Fähigkeit, Veränderung zuzulassen."[24] Jeder Leser, jede Leserin kann sich an dieser Stelle ein eigenes Beispiel heraussuchen, wo er oder sie resilient oder nicht ganz so resilient gehandelt hat. Natürlich steht eine resiliente Gesellschaft im Gegensatz zu dem vorherrschenden Denken und Handeln der effizienten Gesellschaft: Nicht nur in der Pandemie sind plötzlich Lieferketten zerbrochen oder Versorgungs-

---

[20] Martin Schneider, Den Druck aufnehmen, ohne zu zerbrechen. O. J., Homepage des Erzbistum-München.de, Erwachsene.

[21] Martin Schneider, ebenda.

[22] Martin Schneider, ebenda.

[23] Martin Schneider, ebenda.

[24] Martin Schneider, ebenda.

störungen aufgetreten. Resilienz bedeutet daher auch, auf neue Situationen angemessen und flexibel zu reagieren: „Die Transformationsfähigkeit ist ein weiterer wichtiger Baustein einer resilienten Gesellschaft. Sie hat die Fähigkeit, Lernblockaden abzubauen und neue Wege zu beschreiten." [25] So Martin Schneider.

Widerstandskraft üben

Bei der Betrachtung von Resilienzfähigkeit betont Schneider, dass dies lernbar sei. Klar ist, dass dies nicht in einem einstündigen Kurs zu erlernen ist, sondern jahrelanges Üben erfordert. Jeder, der sich eine sportliche oder musikalische Disziplin angeeignet hat, kennt die Realität des Übens, das absolute Können ist ein Ziel, das trotz Übens nicht von jeder Person erreicht wird. Beharrlichkeit, das Dranbleiben ist ein wesentlicher Erfolgsfaktor. Hinzu kommt die Verbindung zu anderen Menschen, zu einer oder mehreren Gemeinschaften. Oft ist die gelebte Mitgliedschaft in einem Verein resilienzfördernd: „Fest steht, dass der Glaube Resilienz fördert. Dabei hat offensichtlich das Phänomen des Vertrauens eine zentrale Bedeutung. Das zeigt sich auch, wenn wir in die Bibel schauen: Wer auf Gott vertraut, geht nicht zugrunde. Gottvertrauen wird als Schlüssel für Krisenbewältigung verstanden und als Kraft erfahren, um Schweres durchzustehen. Nur wer der Tragfähigkeit des Bodens vertraut, kann auch aufbrechen und gehen."[26] Selbstverständlich können auch glaubensferne Menschen resilient leben, wichtig scheint die Eingebundenheit in eine Gemeinschaft und damit das „Aufgefangensein". Widerstandsfähigkeit zu lernen ist ein lebenslanger Prozess. Respekt zu

---

[25] Martin Schneider, Den Druck aufnehmen, ohne zu zerbrechen. O. J., Homepage des Erzbistum-München.de, Erwachsene.

[26] Martin Schneider, ebenda.

üben und solidarisch zu handeln sind weitere Bestandteile.

Widerstandskraft zu üben beinhaltet auch die Überwindung des eigenen Egoismus und das Sich-Hineinversetzen in andere Menschen. Zivilcourage-Kurse können uns sensibilisieren für Situationen, in denen Menschen Verletzungen oder Gewalt angetan wird. Viele Gewalthandlungen beginnen mit verletzenden Ausdrücken, Unterdrückung anderer Meinungen, subtiler Demütigung und Schaffen von Abhängigkeiten. Zivilcourage-Kurse sind ein guter

Werkzeugkasten, Widerstand in alltäglichen Situationen zu üben und zu lernen, mit anderen Menschen Widerstand zu entwickeln.

Solidarisches Handeln

Am Anfang steht oft der Aufschrei, die Empörung über eine Ungerechtigkeit oder ein Fehlverhalten. Der Entfremdungsbegriff kann dabei helfen, strukturelle Schwierigkeiten oder Ungerechtigkeiten strukturell einzuordnen und damit auch strukturelle Konsequenzen zu überlegen. Schlecht bezahlte Arbeitskräfte haben oft wenig Kontakt zueinander und sind meist auch nicht in einer Gewerkschaft organisiert. Auch in der Geschichte zeigt sich, dass gut ausgebildete Fachkräfte, die erkannt haben, dass sie zusammenhalten und sich zusammenschließen müssen, vieles erreicht haben. Die Solidarität der Bergarbeiter war legendär, denn untertage war es gleichgültig, in welchem Land jemand geboren wurde oder an welche Religion er glaubte; wichtig war, sich auf den Kumpel verlassen zu können. In den Gewerkschaften gilt das geflügelte Wort „ein Streik ersetzt viele Wochen Bildungsarbeit". In Konfliktsituationen zeigt sich der Zusammenhalt, das Vertrauen zueinander.

Wie bei der Resilienz ist solidarisches Handeln nicht in den Genen der Menschen angelegt, sondern muss erlernt werden. Eine Möglichkeit ist,

Widerstand zu üben durch Zivilcourage-Trainings, auch für Situationen am Arbeitsplatz. In Deutschland gibt es viele Menschen, die sich außerhalb der Arbeitszeit ehrenamtlich für die Gemeinschaft in Vereinen engagieren. Dieses Engagement wird oft in ihrer solidarischen Wirksamkeit unterschätzt. Ein zentrales Lernfeld für solidarisches Handeln ist eine duale Berufsausbildung, in der berufliches Handwerkszeug und die Sozialkompetenz der Zusammenarbeit kombiniert werden. Auch der Umgang mit Schwierigkeiten, die sogenannte Frustrationstoleranz, wird im Prozess der Arbeit erfahren und als Erfahrung verarbeitet. Viele informelle Kompetenzen werden in der Ausbildung und im Arbeitsalltag gelernt. Diese informellen Kompetenzen helfen, Veränderungen zu gestalten. Gerade in agilen Veränderungsprozessen hilft es den Menschen, kompetent und praktisch die Veränderungen gestalten zu können und damit auch Veränderungen mitzubestimmen.

Solidarisches Handeln ist dadurch erfahrbar und gibt den Menschen Kraft. Solidarisches Handeln ist Ergebnis einer umfassenden Haltungsänderung: Zusammenarbeit, eine Kultur der Gemeinsamkeit zu entwickeln, den Mitmenschen respektvoll und trotzdem ehrlich zu begegnen. Erfahrungen machen und Niederlagen überwinden sind Teil des Prozesses des solidarischen Handelns. In diesem Prozess wird der Wert jedes einzelnen Menschen mit seiner Individualität deutlich: nicht die Unterschiede zählen, sondern die Gemeinsamkeit, wie es im Grundgesetz steht: „Die Würde des Menschen ist unantastbar."[27]

Literatur

Ehrenberg, Alain: Das erschöpfte Selbst. Depression und Gesellschaft in der Gegenwart, Frankfurt/M., 2008.

Frey, Dieter: Psychologie der Werte, Von Achtsamkeit bis Zivilcourage – Basiswissen aus Psychologie und Philosophie, Berlin, Heidelberg, 2016

Han, Byung-Chul: Die Müdigkeitsgesellschaft, Berlin, 2010

Jaeggi. Rahel: Entfremdung, Zur Aktualität eines sozialphilosophischen Problems, Berlin, 2. Auflage 2019

Reckwitz, Andreas, Rosa, Hartmut: Spätmoderne in der Krise – Was leistet die Gesellschaftstheorie? Berlin, 2. Auflage 2021

Rosa, Hartmut: Resonanz. Eine Soziologie der Weltbeziehung, Berlin NDR, 2016.

---

[27] Vgl. Grundgesetz 1949.

Markus Gaugler

Markus Gaugler ist Projektmanager der DNLA GmbH und seit über 15 Jahren spezialisiert auf die Analyse und Entwicklung von Potenzialen von Menschen und Unternehmen. Der Diplom-Verwaltungswissenschaftler (M.A. in Public Policy and Management) berät die Netzwerkpartner der DNLA GmbH und betreut Kunden und Personalentwicklungsprojekte bei verschiedenen großen und kleinen Unternehmen, Bildungszentren und öffentlichen Einrichtungen.

Außerhalb der Arbeit verbringt er seine Zeit gerne mit der Familie und mit Literatur, Musik und Sport.

Er hat bereits zu verschiedenen Themen wir Führung, Mitarbeiterbindung, arbeiten in agilen Organisationen, Personalentwicklung und Unternehmensnetzwerken publiziert.

www.dnla.de

Anpassungsfähigkeit von Menschen und Organisationen: Veränderungskompetenz im Unternehmen und individuell entwickeln und stärken

Adaptability – die Anpassungsfähigkeit an geänderte Bedingungen und die Fähigkeit, neuen Herausforderungen erfolgreich zu begegnen –, ist eine Kompetenz, die heute immer wichtiger wird. Sie ist nicht bei allen Menschen – und Organisationen – gleich ausgeprägt und nicht automatisch vorhanden. Diese „Veränderungskompetenz" kann aber entwickelt und gezielt gestärkt werden, da sie auf Basis-Sozialkompetenzfaktoren zurückgeht, die wir als Menschen alle als Potenziale in uns tragen. Was Veränderungskompetenz genau ist, wie man sie messen kann und wie man sie gezielt aufbauen, stärken und erhalten kann, darum geht es im folgenden Beitrag.

Der „Faktor Mensch" in Veränderungsprozessen

Großen Herausforderungen stellen sich Unternehmen heute permanent, als Resultat von umfassenden technischen, gesellschaftlichen und anderen Veränderungen. „Ich denke nicht, dass wir solche Risiken und externen Einflüsse umgehen können. Wir können allerdings lernen, damit umzugehen. Mit Veränderungen der Umwelt können Organisationen nur umgehen, wenn sie selbst sich möglichst adaptiv und agil verhalten, also wirklich zu einer lernenden Organisation werden."[1]

Wer sein Unternehmen erfolgreich in die Zukunft führen will, muss immer wieder neu in der Lage sein, sich anzupassen und Lösungen für neue Probleme und Herausforderungen zu finden. Solche Veränderungsprozesse gelingen nur, wenn sich die Menschen, die das Unternehmen ausmachen, verändern und ihre Denk- und Verhaltensmuster anpassen. Sie können Veränderungsprozesse zum Erfolg führen – oder zum Scheitern bringen.

---

[1] Prof. Dr. Volkmar Langer, Dipl.-Physiker, agilean-Coach und Trainer.

Quellen von Widerstand gegen Veränderungen

Notwendige Veränderungen in Unternehmen und Organisationen können aus vielen Gründen scheitern. Zu den wichtigsten zählen:

- **rationale Motive und ökonomische Erwägungen**, da der Nutzen des Status quo für ein Individuum klar greifbar ist, der Nutzenzuwachs oder -verlust durch die mit Veränderungen einhergehende neue Verteilung von Macht, Einfluss, Einkommen etc. aber noch unklar ist (= **ökonomische Dimension**).
- **irrationale Motive und subjektive Abwägungen**, da Veränderung immer Unsicherheit mit sich bringt – und diese löst Ängste und Abwehrreaktionen aus (= **psychologische Dimension von Widerstand gegen Veränderung**).
- **„politische" Motive:** Unternehmen sind soziale Gebilde, und in Unternehmen gibt es immer auch Gruppenbildungen, Interessen, Sympathie und Antipathie. Daher kann allein schon die Richtung, aus der ein Veränderungsimpuls kommt, zu einer ablehnenden Haltung bei einigen Personen führen (= **„politische" Dimension**). Die Opposition richtet sich hierbei nicht gegen die Veränderung an sich, sondern vielmehr gegen die Akteure, die sie vorantreiben wollen. Das Resultat ist aber dasselbe – der Veränderungsprozess wird torpediert (= **politische Dimension**).
- **strukturelle Gründe:** Organisationen bestehen aus Strukturen, Regeln und Routinen. Bei Veränderungsimpulsen neigen sie dazu, in ihre gewohnten Formen und Handlungsmuster zurückzufallen (= „strukturelle Trägheit"[2]). Letztlich ist es wie bei Individuen auch: Eine neu eingeführte Regel oder der Vorsatz, sich zu ändern, allein reicht nicht aus, um die Veränderung tatsächlich und auch dauerhaft zu erreichen. Wirkliche Veränderung braucht Zeit und bedingt nicht nur das Erlernen von neuen Handlungsmustern, sondern zunächst auch das „Verlernen" von alten Handlungsmustern und die Anpassung von Strukturen im Arbeitsalltag (= **strukturelle Dimension**). Auch diese Problematik beruht also letztlich auf dem Verhalten der Menschen in der Organisation.

---

[2] Zum Ursprung des Konzepts siehe: Hannan, Michael, Freeman, John Structural Inertia and Organizational Change. American Sociological Review 49, No2, April 1984, S. 149–164.

Aus diesen vier Punkten folgt, dass, wer ein Unternehmen verändern will, immer zuerst bei den Individuen ansetzen muss.

Verringern von Widerstand gegen Veränderungen

Natürlich wird auch versucht, an all diesen Punkten anzusetzen und Widerstand gegen Veränderung zu verringern. Mit Anreizsystemen und Garantien versucht man, die **ökonomischen und rationalen Erwägungen** zu beeinflussen. Einbeziehung und Möglichkeiten zur Mitgestaltung helfen, **Ängste** und Widerstände abzubauen. Professionelles Change-Management und externe Begleitung über einen längeren Zeitraum in der Umsetzungsphase unterstützen, wenn die **politische Dimension** eine (zu) große Rolle in der betreffenden Organisation spielt. Sie verringern zudem die Gefahr, dass Organisationen bzw. die Menschen darin in ihre alten Handlungsmuster zurückfallen, und wirken sich somit positiv auf die **strukturelle Dimension** aus.

All dies wird schon weithin praktiziert und ist auch erfolgreich – jedoch immer nur bis zu einem gewissen Grad, da diese Maßnahmen nicht spezifisch genug sind. Sie behandeln die Menschen innerhalb der Organisation als „Blackbox" bzw. als eine einheitliche Masse von Individuen mit ähnlichen Voraussetzungen, Erfahrungen und Reaktionsmustern. Das greift jedoch zu kurz, da die Menschen sich in der Ausprägung der Soft Skills, die entscheidend sind, um gut mit Veränderung umzugehen, voneinander unterscheiden.

Veränderungskompetenz – ein individueller Sozialkompetenzfaktor

Jeder gesunde Mensch kommt mit einer bestimmten „Ausstattung" zur Welt. Dazu gehören nicht nur unsere fünf Sinne, unsere Organe, Muskeln usw., sondern auch bestimmte soziale und emotionale Fähigkeiten. Zu diesen zählen auch bestimmte Sozialkompetenzen wie z.B. Empathie und Einfühlungsvermögen. Schon kleine Babys lernen, die Reaktionen und die Stimmung von Menschen in ihrer Umgebung zu deuten, und reagieren darauf. Auch Neugier und Eigeninitiative sind uns angeboren – kleine Babys erkunden ihre Umgebung, wir sind neugierig, experimentieren und lernen dazu.

Wir bringen also alle von Natur aus gewisse Sozialkompetenzen mit, die wiederum, wie wir sehen werden, Voraussetzung für und Grundbausteine von „Veränderungskompetenz" sind. Diese Kompetenzen sind jedoch nicht bei allen gleich ausgeprägt. Nicht, weil diese „Gabe" manchen von Natur aus gegeben wäre und anderen nicht oder weil sie bei ihnen einfach stärker ausgeprägt wäre. Vielmehr spielen hier die individuellen Erfahrungen und Prägungen eine entscheidende Rolle, ebenso wie die Einflüsse aus dem aktuellen Arbeitsumfeld.

Das folgende Bild illustriert dies sehr schön:

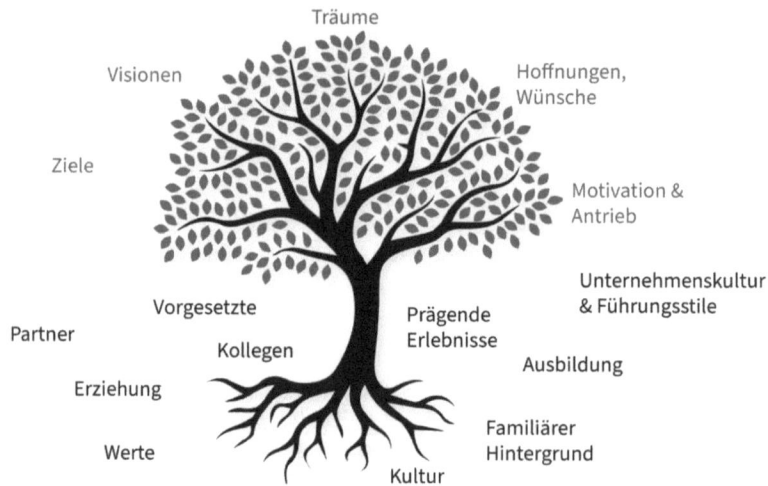

Abbildung 1: Einflussfaktoren auf Veränderungskompetenz[3]

Unten im Bild, im „Wurzelbereich", haben wir die langfristigen, tief verwurzelten Prägungen durch die Erziehung, die Werte und Glaubenssätze, die man mit auf den Weg bekommt. Sie prägen und beeinflussen später unser Denken und Handeln im Berufsleben – oft, ohne dass uns dies überhaupt voll bewusst ist.[4] „Du kannst nicht immer erwarten, dass andere dir helfen, das musst du schon selbst lösen" oder „Du musst dich

---

[3] Abbildung 1: „Einflussfaktoren auf Soft Skills und auf Veränderungskompetenz". Quelle: Eigene Darstellung, ©DNLA GmbH.

[4] Coachingprozesse helfen, solche Prägungen bewusst zu machen.

auf jeden Fall an die Regeln halten" – solche Glaubenssätze transportieren jeweils unterschiedliche Werte und Herangehensweisen. Gerade unter Stress oder in einer herausfordernden Situation wie einem Veränderungsprozess greifen wir dann ganz automatisch auf solche erlernten Interpretations- und Verhaltensmuster zurück. Sie helfen uns, mit einer neuen, unklaren Situation umzugehen, und geben uns ein Gefühl der Sicherheit.

In der Mitte des Bildes, beim „Stamm", sind die Einflussfaktoren und Prägungen aus der beruflichen Vita und aus der aktuellen Arbeitssituation dargestellt. Vorerfahrungen wie z. B. erfolgreich gemeisterte Change-Prozesse oder auch umgekehrt „traumatische" Erfahrungen, beispielsweise durch Stellenabbau und Jobverlust, beeinflussen unsere „Veränderungskompetenz". Auch das aktuelle Umfeld, die Kultur im Unternehmen, Druck und Stressbelastung, Verantwortung, die man für sich und für andere hat, ob man ortsgebunden ist, ob man finanzielle Verpflichtungen hat oder ungebunden und frei in seinen Entscheidungen ist – all das spielt hier eine Rolle. Von entscheidender Bedeutung sind zudem die Führungskräfte mit ihren Kompetenzen, ihren eigenen Prägungen, mit ihrem Verhalten und ihrer Vorbildfunktion (die sie eben mehr oder weniger gut erfüllen).

Im oberen Bereich, in der „Krone" des Baumes, befindet sich der Bereich der persönlichen Ambitionen und Ziele. Waren wir mit der aktuellen beruflichen Situation ohnehin unzufrieden und rechnen wir uns durch die Veränderung vielleicht sogar individuell bessere Karrierechancen aus? Oder waren wir zufrieden mit der Situation und haben „viel zu verlieren"? Auch solche Fragen beeinflussen selbstverständlich, wie wir mit Veränderungen umgehen.

Es gibt also eine Vielzahl von Faktoren aus dem aktuellen Umfeld und in der eigenen Biografie, die einen Einfluss darauf haben, wie gut im Moment einerseits die Fähigkeit und andererseits die Bereitschaft, sich auf Veränderungen einzulassen, ausgeprägt ist und wie gut oder schlecht wir also mit Veränderung umgehen bzw. wie gut wir im Moment überhaupt damit umgehen können.

Veränderungskompetenz – Definition

Unter individueller Veränderungskompetenz[5] verstehen wir die Kompetenz, im Unternehmen insgesamt und bei uns persönlich Veränderungsbedarf zu erkennen und zu akzeptieren, gemeinsame Veränderungsziele zu teilen und in den eigenen Zielkanon zu integrieren, Veränderungsprozesse aktiv mitzugestalten und hin auf das gemeinsame Ziel zu lenken.[6]

Um Veränderungsprozesse erfolgreich zu gestalten, muss man somit immer berücksichtigen, dass das **Niveau der individuellen Veränderungskompetenz** im Unternehmen insgesamt und bei den einzelnen von der Veränderung betroffenen Personen ganz unterschiedlich ausgeprägt ist. Man muss diese Ausprägung der individuellen Veränderungskompetenz ermitteln und kennen und die Menschen dann an ihren ganz unterschiedlichen Ausgangspunkten „abholen".

Kompetenzanalyse und Kompetenzmanagement: Veränderungskompetenz entwickeln und erhalten

Die Veränderungskompetenz ist also ein Konstrukt, das sich aus verschiedenen Basis-Sozialkompetenzen zusammensetzt. Zu diesen Soft Skills als berufliche Erfolgsfaktoren wurde seit den späten 80er-Jahren geforscht.[7] Zu den damals identifizierten und auch heute noch relevanten Faktoren gehören im Bereich der Veränderungskompetenz die folgenden Sozialkompetenzfaktoren:

---

[5] Praktische Beispiele für diese Veränderungskompetenz haben wir auch an anderer Stelle, zum Beispiel im Zusammenhang mit dem Thema Agilität bzw. Agilitätskompetenz, beschrieben. Siehe z.B. LEADERS MAGAZIN 10.12. 2021, https://leaders-academy.com/magazin/mitarbeiterfuehrung/in-3-schritten-agilitaetskompetenz-aufbauen/

[6] Eigene Definition, in Anlehnung an die Definition von allgemeiner Veränderungskompetenz von Dr. Wolfgang Schröder, https://www.brainguide.de/Veraenderungskompetenz/_c

[7] z.B. Strasser, Über die Validität von Persönlichkeitsfragebögen und biografischen Informationsbögen, Dissertation, 1975, Univ. München, DNLA – Wissenschaftliche und praktische Gütekriterien Dr. W. Strasser August 1989, https://www.dnla.de/qualitaet-und-sicherheit/wissenschaftliche-grundlagen-und-entwicklung/

Basis – Sozialkompetenzfaktor Flexibilität

Der Faktor „Flexibilität" beschreibt, wie wir mit „Störungen" und ungeplanten Ereignissen umgehen und wie gut wir uns auf neue Situationen einstellen können.

Auswirkung auf die Veränderungskompetenz: Wenn dieser Faktor bei einer Person gut ausgeprägt ist, dann ist sie bereit, auch ungewohnte und unvorhergesehene Situationen anzunehmen und diese nicht einfach reflexhaft abzuwehren. Sie reagiert also auch in solchen Situationen nicht primär mit Angst und mit Widerstand, sondern wird versuchen, das Beste aus der Situation zu machen und sie für sich und für die Menschen in ihrer Umgebung positiv zu gestalten. So kann sie auf die neuen gemeinsamen Ziele hinarbeiten.

Basis – Sozialkompetenzfaktor Eigeninitiative

Der Faktor „Eigeninitiative" beschreibt, wie sehr man selbst, ohne Druck und ohne Anstoß von außen, aktiv wird, um notwendige Arbeitsschritte zu erledigen und auf ein bestimmtes Ziel hinzuarbeiten. Dazu gehört auch, selbstständig nach Lösungswegen zu suchen und dabei auch neue Lösungen auszuprobieren.

Auswirkung auf die Veränderungskompetenz: Wenn dieser Faktor bei einer Person gut ausgeprägt ist, dann kann und wird sie in ungewohnten und neuen Situationen selbst aktiv werden. Sie ist dann nicht darauf angewiesen, Anleitung und Unterstützung von Dritten zu bekommen, und kann daher mit derartigen Situationen besser umgehen.

Basis – Sozialkompetenzfaktor Selbstwirksamkeit (Eigenverantwortlichkeit)

Der Faktor „Selbstwirksamkeit" (oder „Eigenverantwortlichkeit") beschreibt, ob wir Erfolge ebenso wie Misserfolge eher unserem eigenen Tun zurechnen oder eher äußeren Umständen, anderen Personen, Glück, oder generell Faktoren, die wir nicht selbst kontrollieren können.

Auswirkung auf die Veränderungskompetenz: Wenn dieser Faktor bei einer Person gut ausgeprägt ist, dann empfindet diese sich als wirkmächtig. Sie ist also überzeugt, eine Situation aktiv gestalten und zu ihren eigenen Gunsten beeinflussen zu können.

Basis – Sozialkompetenzfaktor Emotionale Grundhaltung

Der Faktor „Emotionale Grundhaltung" beschreibt, wie wir im beruflichen Bereich an Dinge herangehen: Sehen wir bei einer neuen Idee, einem Projekt oder einer Veränderung eher die Vorteile, die Chancen, die Möglichkeiten, oder sehen wir eher die Risiken, die Schwierigkeiten, die Dinge, die schiefgehen können? Starten wir gedanklich mit einem Worst-Case-Szenario, das wir vermeiden wollen, oder starten wir gedanklich mit einem Best-Case-Szenario, auf das wir hinarbeiten?

Auswirkung auf die Veränderungskompetenz: Menschen, die hier positiv ausgeprägt sind, wird es leichter fallen, Veränderungen positiv zu sehen und als Chance zu begreifen. Sie gehen mit einer positiven Grundhaltung an neue Situationen heran. Sie strahlen diese Haltung auch nach außen aus und können so Menschen in ihrem Umfeld positiv beeinflussen und „mitziehen". Sie werden so zu wichtigen Unterstützern für Veränderungsprozesse.

Als „Gegengewicht" ist die andere Sichtweise aber ebenfalls wichtig, solange sie nicht in einer „Das klappt nie"-Haltung mündet, die zu einer sich selbst erfüllenden Prophezeiung führen könnte, weil Dinge, die derart angegangen werden, dann am Ende auch tatsächlich nicht funktionieren. Beide Sichtweisen müssen sich ergänzen. Das sorgt dafür, dass aktiv auf ein positives Ziel hingearbeitet wird und dabei trotzdem elementare Risiken und Dinge, die falschlaufen könnten, nicht übersehen werden.

Diese Auflistung von Sozialkompetenzen als Elemente von Veränderungskompetenz ist nicht als abschließend zu verstehen. Andere Faktoren wie die intrinsische Motivation – mit welchen (neuen) Zielen und Inhalten können wir uns identifizieren? Was erscheint uns sinnstiftend und was treibt uns an? – oder der Umgang mit Schwierigkeiten, mit Misserfolgen und Kritik – lassen wir uns davon nur verunsichern und „herunterziehen", oder nutzen wir solche Situationen und Signale als Feedback und als Lernmöglichkeit, um Dinge anders und besser zu machen? – spielen ebenso eine Rolle. Die hier aufgeführten Faktoren sind, wie die Beispiele zeigen, direkt relevant für die individuelle und kollektive Veränderungs- und Anpassungsfähigkeit und für das Gelingen von Veränderungsprozessen. Um Veränderungsprozesse erfolgreich zu gestalten, ist es daher wichtig, bei allen beteiligten und betroffenen Mitarbeitenden und Führungskräften abzusichern, dass die Veränderungskompetenz und die ihr zugrundeliegenden Basiskompetenzen in ausreichendem Maß vorhanden sind. Dort, wo dies nicht der Fall ist, müssen diese Kompetenzen durch geeignete Maßnahmen nachgebildet und wieder entwickelt werden.

Kompetenzmanagement – Sozialkompetenzen entwickeln und erhalten

Durch ein professionelles Kompetenzmanagement im Unternehmen, wie es im Buch „Erfolgsfaktor Sozialkompetenz – Mitarbeiterpotenziale systematisch identifizieren und entwickeln"[8] in der Theorie und in zahlreichen Praxisbeispielen beschrieben wird, kann man absichern, dass die nötigen Basis-Kompetenzen für die Veränderungskompetenz bei allen gut ausgeprägt vorliegen.

Dazu gehören die folgenden Elemente:

1. Kompetenzfeststellung – Sozialkompetenz-Analyse.	2. Kompetenzentwicklung – Sozialkompetenz-Aufbau.	3. Kompetenzerhalt – Sozialkompetenz-Sicherung.

Ein Instrument, das sich für das Kompetenzmanagement bei Individuen, Teams und Organisationen hervorragend eignet und das in dem oben genannten Buch in der Theorie und in der praktischen Anwendung anschaulich beschrieben wird, ist DNLA – Discovering Natural Latent Abilities.

DNLA – Discovering Natural Latent Abilities

Die Analyse- und Entwicklungsverfahren „Discovering Natural Latent Abilities (DNLA)" basieren auf der Grundlagenforschung zu beruflichen Erfolgsfaktoren am Max-Planck-Institut von Prof. Dr. mult. J. Brengelmann. „Alle DNLA-Verfahren verfolgen das Ziel, die Potenziale

---

[8] Prof. Dr. Bernd Ahrendt, Ulrich Heuke, Wolfgang Neumann, Prof. Dr. Frank Tubbesing: „Erfolgsfaktor Sozialkompetenz – Mitarbeiterpotenziale systematisch identifizieren und entwickeln".

eines Menschen in einem konkreten beruflichen Kontext zu erfassen."[9] „Im Mittelpunkt steht dabei die soziale Kompetenz. [...] Dieses Basismodell [DNLA ESK – Erfolgsprofil Soziale Kompetenz] enthält alle wesentlichen Faktoren im Bereich sozialer Kompetenz, die den Berufserfolg beeinflussen"[10] – und auch alle, die der Veränderungskompetenz zugrunde liegen.

Eigenverantwortlichkeit	5
Leistungsdrang	4
Selbstvertrauen	6
Motivation	4
Kontaktfähigkeit	4
Auftreten	3
Einfühlungsvermögen	4
Einsatzfreude	4
Statusmotivation	4
Systematik	5
Initiative	1
Kritikstabilität	4
Misserfolgstoleranz	4
Emotion. Grundhaltung	5
Selbstsicherheit	4
Flexibilität	1
Arbeitszufriedenheit	4

Abbildung 2: Sozialkompetenzfaktoren – Musterauswertung[11]

---

[9] Prof. Dr. Bernd Ahrendt, Ulrich Heuke, Wolfgang Neumann, Prof. Dr. Frank Tubbesing: „Erfolgsfaktor Sozialkompetenz – Mitarbeiterpotenziale systematisch identifizieren und entwickeln", Haufe-Verlag, 1. Auflage, 2021, S. 54 f.

[10] Simon, Walter: „GABALs großer Methodenkoffer Persönlichkeitsentwicklung", GABAL Verlag, Offenbach, 3. Auflage 2012, S. 66.

[11] Abbildung 2: „Sozialkompetenzfaktoren – Musterauswertung", Quelle: eigene Darstellung, ©DNLA GmbH.

Mit den DNLA-Instrumenten kann man Potenziale und Kompetenzen in ihrer aktuellen Ausprägung messen und zum nachhaltigen Kompetenzaufbau nutzen „[...], damit eine gezielte Aus- und Weiterbildung (Training / Coaching) durch den Betrieb durchgeführt werden kann".[12] So lassen sich individuell bedarfsgerecht benötige Sozial- und Veränderungskompetenzen (wieder) aufbauen, die für „Adaptability" und für erfolgreiche, tiefgreifende Veränderungsprozesse im Unternehmen notwendig und unverzichtbar sind.

Umsetzung und Beratungsprozess

Wie sieht dieser Kompetenzaufbau nun konkret aus? Nach Identifikation von Lern- und Entwicklungsfeldern durch Online-Befragungen und Datenauswertungen zur Sozialkompetenzanalyse werden zunächst individuelle Entwicklungspläne für alle festgelegt. Ergänzt werden diese von Maßnahmen auf Team- oder Unternehmensebene. Dazu zählen Teamcoachings, Workshops und andere Maßnahmen zum Kompetenzaufbau bei Faktoren, bei denen viele Menschen eines Unternehmens noch Unterstützung beim Kompetenzaufbau benötigen. So kann zum Beispiel ein Faktor wie „Eigeninitiative" gezielt in der ganzen Organisation gestärkt werden. Kompetenzanalysen mit dem Ziel eines nachhaltigen Kompetenzaufbaus müssen zudem immer auch Möglichkeiten der Kompetenzfortschrittsanalyse, des Bildungscontrollings beinhalten. Die DNLA-Verfahren bieten genau diese Möglichkeit: Der Analyse- und Entwicklungsprozess ist kein einmaliger Vorgang, sondern wird normalerweise in mehreren Zyklen wiederholt. Dadurch erst wird ein dauerhafter, nachhaltiger Kompetenzaufbau möglich.

---

[12] Veith, Horst, in: Simon, Walter (Hrsg.): „Persönlichkeitsmodelle und Persönlichkeitstests – 15 Persönlichkeitsmodelle für Personalauswahl, Persönlichkeitsentwicklung, Training und Coaching", GABAL Verlag, Offenbach, 2006, S. 185.

Soziale Kompetenzen

Eigenverantwortlichkeit	↑
Leistungsdrang	↑
Selbstvertrauen	↑
Motivation	↑
Kontaktfähigkeit	↑
Auftreten	↑
Einfühlungsvermögen	↓
Einsatzfreude	↑
Statusmotivation	↑
Systematik	↑
Initiative	↔
Kritikstabilität	↑
Misserfolgstoleranz	↑
Emotionale Grundhaltung	↔
Selbstsicherheit	↑
Flexibilität	↑
Arbeitszufriedenheit	↑
Gender	↑
Diversity	↑
Führungsfähigkeit	↑
Führungswille	↑
Interkulturelle Kompetenz	↔
Agilität	↑

Abbildung 3: Sozialkompetenzaufbau: Bildungscontrolling[13]

Professionelle Begleitung und die Rolle der Führungskräfte

In diesem Prozess der Entwicklung und des Kompetenzaufbaus sind die Führungskräfte von besonderer Bedeutung, und zwar gleich zweifach. Sie spielen zunächst einmal eine wichtige Rolle bei der Umsetzung der individuellen Entwicklungsprozesse, da sie diese als Führungskräfte begleiten und unterstützen sollen. Andererseits müssen sie die betreffenden Kompetenzen oft selbst erst einmal (wieder) entwickeln, um diese Rolle erfolgreich ausfüllen zu können. Führungskräfte, die in ihrer Sozialkompetenz nicht gut ausgeprägt sind, sind hierzu nicht in der Lage. Schlimmer noch: Sie beeinflussen die Ausprägung der bei den Mitarbeiterinnen und Mitarbeitern vorhandenen Sozialkompetenzen wie Eigeninitiative oder intrin-

---

[13] Abbildung 3: „Kompetenzfortschrittsmessung – Musterauswertung DNLA JEC „Jahres-Erfolgs-Check", Quelle: Eigene Darstellung, ©DNLA GmbH.

sische Motivation mit falschem, nicht zu den Anforderungen der Situation passendem Führungsverhalten sogar negativ, sodass vorhandene Potenziale abgebaut werden.

Wenn Entwicklungsprozesse auf individueller Ebene und im Unternehmen gelingen sollen, ist es also extrem wichtig, top-down bei den Führungskräften zu beginnen. Zunächst muss bei ihnen durch geeignete Potenzialanalysen und anschließende Coachings und Fördermaßnahmen sichergestellt sein, dass sie alle nötigen Sozial-, Veränderungs- und Managementkompetenzen mitbringen, um die Veränderungsprozesse im Unternehmen konstruktiv zu begleiten und ihrer unterstützenden Rolle für die Mitarbeiterinnen und Mitarbeiter gerecht zu werden.

Während auf Ebene der Mitarbeitenden die Begleitung der Entwicklungsprozesse überwiegend intern verläuft, wird die Entwicklung bei den obersten Führungsebenen daher von externen Spezialist*innen begleitet.

So wird durch das Zusammenwirken von fachkundigen Begleiter*innen, von Führungskräften und von Mitarbeitenden bei allen im Unternehmen die nötige Veränderungskompetenz aufgebaut, die eine hohe, für die Zukunft des Unternehmens wichtige, individuelle und organisationale Veränderungsfähigkeit und Veränderungsbereitschaft (= „Adaptability") gewährleistet.

© Morris Willner

Beate Götz-Lange

Beate Götz-Lange hat schon früh im elterlichen Weingut achtsamen Kundenkontakt und eine offene Verkaufsgesprächsführung kennengelernt. Sie ist den Weg des Verkaufens weitergegangen und ist nun seit über 20 Jahren im Vertrieb tätig.

Als Verkaufsberaterin hatte sie reichlich Gelegenheit, wertvolle Erfahrungen mit Kunden zu sammeln. Als Trainerin und Coach für Verkauf, Stressmanagement und Achtsamkeit hat sie gelernt, ihr Wissen praxisorientiert weiterzuvermitteln. Als Gastdozentin an der privaten Fachhochschule der Wirtschaft (FHDW) entwickelt sie aus wissenschaftlichen Theorien eigene zukunftsweisende Ansätze.

Sie ist Autorin des Buches „Achtsam Verkaufen" und gilt als erfahrene Expertin auf diesem Gebiet. Mit ihren Vorträgen, Trainings und Coachings hat sie bereits Tausende von Teilnehmenden begeistert. Mit großer Freude gibt sie ihre Erfahrungen weiter.

Ihr Trainingsangebot reicht von Verkaufsgesprächsführung über Stressmanagement bis zu Achtsamkeit im Vertrieb. Beate Götz-Lange ist LIFO®-Practitioner und Mitglied der Akademie für neurowissenschaftliches Bildungsmanagement (AFNB). Mit der Resilienz-Ausbildung zur Heart-Math Coachin® komplettierte sie ihr Portfolio.

beate@goetz-lange.de
www.goetz-lange.de
https://www.youtube.com/watch?v=7oc2IrfYomI

Adaptabilität durch Achtsamkeit im Kundenkontakt

Der Markt ist überschwemmt von Achtsamkeitsliteratur. Warum jetzt auch noch Achtsamkeit im Kundenkontakt? Erstens, weil der gute Service beim Beratenden selbst beginnt. Ein Aspekt, der in vielen Büchern zu kurz kommt. Zweitens, weil das Thema Sie alle angeht! Weil wir alle mit Kund*innen – internen und externen – zu tun haben. Klar brauche ich eine gesunde Einstellung zu mir selbst und zu meinem Produkt oder zu meiner Dienstleistung. Aber wie gelingt es mir, eine gute und anpassungsfähige Beziehung zu meinem Kunden aufzubauen?

Reicht ein guter Small Talk mit ein paar freundlichen Worten? Natürlich nicht. Der Small Talk muss bei Ihnen als Verkäufer*in selbst beginnen, bevor er zum Kunden geht: Was denken Sie? Was fühlen Sie? Wie verhalten Sie sich? Das sind die drei Stellschrauben, deren Einstellung für Ihr Auftreten und für die Stimmung beim Kunden entscheidend ist. Ihre Gedanken beeinflussen Ihre Gefühle, und Ihre Gefühle beeinflussen Ihr Tun. Wenn Sie nicht „gut drauf" sind und sich in pessimistischen Gedankenschleifen verfangen haben, dann haben Sie auch unangenehme Gefühle wie Unzufriedenheit, Unsicherheit, Unfähigkeit. So können Sie kein überzeugendes Kundengespräch führen. Der Kunde oder die Kundin spürt sofort, was mit Ihnen los ist. Sind Sie dagegen gut drauf und denken: „Das werde ich alles schaffen!", dann fühlen Sie sich stark, selbstsicher und entschlossen. Das angenehme Gefühl wirkt sich nicht nur in Ihnen aus. Sie strahlen es auch an Ihre Kunden aus.

Und mehr noch. Wenn wir uns innerlich harmonisch ausrichten, dann sorgen wir einerseits bewusst für uns selbst, können andererseits damit sogar eine ganze Gruppe in eine positive Stimmung versetzen. Unsere innere Verfassung spiegelt sich in der Außenwelt wider.

Was hat das jetzt mit Achtsamkeit im Kundenkontakt zu tun?

Achtsamkeit hilft, aufmerksamer mit uns selbst und mit unseren Kunden zu sein. Wie tickt unser Kunde? Was ist ihm wichtig? Welche Signale sendet er uns mit seinen Aussagen, seinen Fragen und seinen Gesten? Das ist die zweite Seite der Medaille von Achtsamkeit im Kundenkontakt. Durch eine achtsame Haltung uns selbst gegenüber gelingt es, unseren Kunden intensiver wahrzunehmen und besser auf ihn oder sie einzugehen. Unsere Gesprächspartner*innen wissen, dass wir ihnen etwas „verkaufen" wollen, aber sie spüren auch, dass es uns wichtig ist herauszufinden, was sie wirklich brauchen, um ihnen zu helfen und ihre Wünsche zu erfüllen. Zeigen Sie Ihren Kund*innen Ihr ehrliches und aufrichtiges Interesse an ihnen als Mensch und an ihren Bedürfnissen! Geben Sie Ihrem Kunden oder Ihrer Kundin das Gefühl, dass er/sie in diesem Augenblick der wichtigste Mensch auf der Welt ist.

Das Magische Dreieck ist die Basis für jedes gute Gespräch. Wenn es darum geht, eine achtsame Haltung gegenüber sich selbst zu üben und seine Gesprächspartner*innen bewusster wahrzunehmen, dann hilft Ihnen das Dreieck mit den drei Stellschrauben „Gedanken, Gefühle und Gestalt" weiter. Mit ihm gelingt es Ihnen, eine gemeinsame Wellenlänge zu Ihrem Gesprächspartner/Ihrer Gesprächspartnerin aufzubauen.

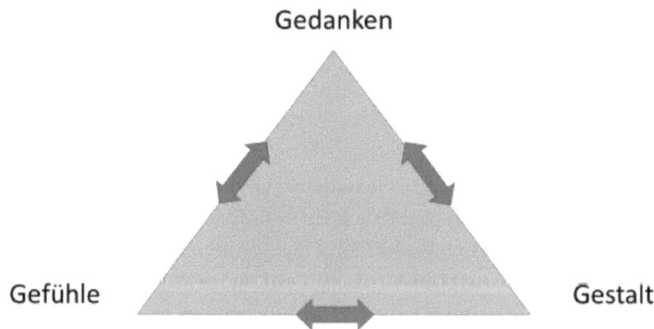

Wie werden Sie Steuermann oder -frau Ihrer Gefühle?

Eine wesentliche Voraussetzung, um unsere Gefühle besser steuern zu können, ist, sie bewusster wahrzunehmen. Wie gelingt Ihnen das? Je differenzierter Sie Ihre Emotionen benennen können, desto differenzierter können Sie Ihre Gefühlswelt empfinden. Und darüber hinaus auch die Gefühle von anderen, z.B. von Freund*innen und Kolleg*innen und von Ihren Gesprächspartner*innen. Wir nähern uns unseren Gefühlen in drei Schritten.

• Erster Schritt: Benennen Sie alle Gefühle, die Sie selbst kennen und fühlen.

- Zweiter Schritt: Erweitern Sie bewusst Ihren Wortschatz der Gefühle, zum Beispiel mit folgender Übersicht:

Emotionen

heiter – dankbar – erstaunt – friedlich – optimistisch – panisch – begeistert – wütend – sorgenvoll – zuversichtlich – verstanden – unwohl – überrascht – zufrieden – alarmiert – allein gelassen – sicher – gehemmt – hasserfüllt – vergnügt – sauer – resigniert – irritiert – verunsichert – verärgert – gerührt – ängstlich – neugierig – begeistert – glücklich – aggressiv – bereichert – angenommen – abgeneigt – lustig – hilflos – enthusiastisch – geehrt – gewürdigt – mutig – motiviert – erschrocken – frustriert – beschämt – deprimiert – einsam – elend – melancholisch – niedergeschlagen – enttäuscht – bedrückt – erheitert – fasziniert – angeekelt – geschockt – geladen – energetisiert – eifersüchtig – erregt – hoffnungslos – erfüllt – bedroht – ängstlich – eingeengt – geliebt – geborgen – beschützt – frei – gebannt – erwartungsvoll

- Dritter Schritt: Machen Sie sich bewusst, in welchen Situationen Sie welche Gefühle empfinden und warum. Zum Beispiel: Warum sind Sie bei einer bestimmten Person unsicher? Warum waren Sie heute Nachmittag so gereizt?

Wenn Sie Ihre Gefühle wahrnehmen, benennen und sich den Auslöser bewusst gemacht haben, dann können Sie mit hilfreichen Gedanken und Handlungen gegensteuern.

Wie werden Sie Chef*in Ihrer Gedanken?

Die automatisch und unbewusst ablaufenden Gedanken können Sie sich bewusst machen, indem Sie auf Ihre Selbstgespräche achten. Pausenlos, vom Aufwachen am Morgen bis zum Einschlafen am Abend, führen wir Selbstgespräche. Manchmal sind wir uns unserer Selbstgespräche bewusst, oft aber laufen sie unbewusst ab. Sie spielen bei der Entstehung unserer Gefühle eine entscheidende Rolle. Wenn wir uns ärgerliche Gedanken machen, dann verspüren wir Ärger. Wenn wir uns zuversichtliche Gedanken machen, dann sind wir hoffnungsvoll gestimmt. Wenn wir uns deprimierende Gedanken machen, dann sind wir deprimiert. Ja, unsere Gedanken haben auch einen Einfluss auf unseren Körper. Bei dem Gedanken daran, in eine Zitrone zu beißen, werden Sie das Gesicht verziehen. Wenn Sie sich ängstliche Gedanken machen, zum Beispiel vor einem wichtigen Kundengespräch, dann schlägt Ihr Herz vor Aufregung schneller, der Blutdruck steigt und Adrenalin wird ausgeschüttet.

Deshalb: Achten Sie auf Selbstgespräche! Lassen Sie sich überraschen, wenn Sie Ihre unbewusst ablaufenden Gedanken entdecken. Mit der Zeit werden Sie ganz bestimmte Muster erfahren, die immer wiederkehren – zum Beispiel, wenn Sie bei dem Gedanken an Ihren Lieblingskunden fröhlich und vergnügt sind.

Wie entwickeln Sie mehr Klarheit im Gespräch?

Wie nehme ich Einfluss auf die Gestalt meiner Gedanken und Gefühle? Gedanken und Gefühle nehmen Gestalt an in Form von Mimik, Gestik und unseren Handlungen. Kann ich auch meine Gedanken und Gefühle über die Gestalt, also über meine Handlungen ändern? Die Antwort ist ein klares Ja. Die Voraussetzung dafür ist, dass Sie Ihren Körper bewusst wahrnehmen. Um das Körperbewusstsein zu steigern, helfen Ihnen gezielte Körperübungen wie zum Beispiel das bewusste Atmen, das achtsame Gehen und der Bodyscan.

Im Folgenden gebe ich Ihnen 5 Tipps mit Übungen, wie Sie mehr Achtsamkeit für sich selbst entwickeln können. Das ist die Basis für jeden erfolgreichen Kundenkontakt.

Tipp 1: Machen Sie eine Selbsteinschätzung, um herauszufinden, wie es um Ihre Achtsamkeit steht.

Wie leicht fällt es Ihnen, sich auf das Gegenwärtige zu konzentrieren? Wie gut können Sie präsent, also im gegenwärtigen Moment sein? Machen Sie diesen kleinen Test und seien Sie so ehrlich und spontan wie möglich. Beantworten Sie die Fragen mithilfe einer Skala von 1 (selten) bis 6 (meistens):

Selbsteinschätzung	Punkte (1–6)
Ich mache oft mehrere Sachen gleichzeitig.	
Ich bin mit meinen Gedanken oft in der Zukunft.	
Ich ärgere mich darüber, wenn ich sehe, wie ich mir manchmal das Leben schwer mache.	
Ich achte wenig auf die Motive meiner Handlungen.	
Vieles, was ich mache, passiert automatisch, ohne dass ich darüber nachdenke.	
Meine Gedanken kreisen häufig in der Vergangenheit.	
Ich ärgere mich, wenn Dinge schieflaufen.	
Es fällt mir schwer, mich wertzuschätzen.	
Ich bin ungeduldig mit mir und meinen Mitmenschen.	
In schwierigen Situationen fällt es mir schwer innezuhalten.	
Gesamtpunktzahl	

Je höher die Punktzahl, desto ausbaufähiger ist Ihre Achtsamkeit!

Tipp 2: Schaffen Sie sich einen gedanklichen Kraftort, sobald Sie neue Kraft und Energie brauchen.

Nutzen Sie Ihre Vorstellungskräfte, um sich einen gedanklichen Kraftort zu schaffen. Dort können Sie, so oft wie Sie wollen, neue Energie tanken.

• Suchen Sie in Ihren Erinnerungen nach einem Ort, der für Sie Kraft symbolisiert. Ein Ort, an dem Sie gern sind, wenn Sie Energie brauchen, das kann zum Beispiel ein Platz in der Natur sein.
• Notieren Sie so konkret wie möglich, was Sie an diesem Ort sehen, hören, riechen. Was ihn zu einem Sinnbild der Kraft macht. Wie Sie sich an diesem Ort fühlen.
• Machen Sie es sich bequem und schließen Sie sanft die Augen. Jetzt stellen Sie sich vor, wie Sie an Ihrem Kraftort sind und sich in Ruhe umsehen. Spüren Sie, wie sich Kraft und Energie ausbreiten, und erleben Sie, wie Sie von der positiven Energie erfüllt werden.
• Bleiben Sie so lange dort, wie Sie wollen.
• Zum Beenden der Übung recken und strecken Sie sich (falls die Situation es zulässt) und atmen Sie einige Male tief ein und aus.

Nehmen Sie die so gewonnene Energie mit in das Gespräch.

Tipp 3: Erfahren Sie den Wert einer Atemmeditation.

Es ist relativ einfach, über Ihren Atem Ihre Emotionen und Gedanken zu steuern:

- Setzen Sie sich aufrecht und locker auf einen Stuhl.
- Stellen Sie die Füße flach auf den Boden.
- Legen Sie die Handflächen leicht auf die Oberschenkel.
- Schließen Sie sanft die Augen.
- Atmen Sie normal über die Nase tief in den Bauchraum ein und spüren Sie, wie sich Ihr Bauch beim Einatmen hebt und beim Ausatmen senkt.
- Atmen Sie ruhig und gleichmäßig: einatmen – ausatmen – kurze Pause.
- Überlassen Sie alle Spannung dem Boden.
- Machen Sie in Ihrem Tempo neun Atemzüge.
- Atmen Sie zum Schluss noch einmal tief ein und aus. Öffnen Sie langsam die Augen. Recken und strecken Sie sich nach Herzenslust.

Diese Übung können Sie jederzeit im Auto machen oder vor einem Gespräch, um sich anschließend besser zu konzentrieren.

Tipp 4: Üben Sie das achtsame Gehen.

Der Vorteil der Gehmeditation ist, dass Sie die geistige Ruhe auf die Aktivität übertragen. Richten Sie beim Gehen in jedem Augenblick Ihre volle Aufmerksamkeit auf jede Bewegung und jede Empfindung Ihres Körpers und bringen Sie sie jedes Mal, wenn sie abschweift, behutsam zurück.

- Richten Sie die Aufmerksamkeit auf Ihren Körper.
- Nehmen Sie den Druck auf Ihren Füßen wahr.
- Machen Sie nun einen Schritt nach vorn. Verfolgen Sie dabei jede Ihrer Bewegungen. Sie heben den Fuß an, bewegen das Knie, das Bein, die Hüfte, die Arme, den Oberkörper, den Kopf.
- Setzen Sie den Fuß auf und rollen Sie ihn langsam ab. Spüren Sie den Boden und den Kontakt der Ferse.
- Halten Sie kurz inne und wiederholen Sie den Vorgang mit dem anderen Fuß.

Auch diese Übung ist jederzeit und überall möglich, zum Beispiel auf dem Weg vom Firmenparkplatz zu Ihrem Schreibtisch oder von einem zum nächsten Kunden. Sie kann auch in fast jedem Tempo durchgeführt werden, solange Sie mit Ihrer Aufmerksamkeit beim Gehen sind.

Tipp 5: Machen Sie erste Erfahrungen mit dem Bodyscan.

Der Bodyscan hilft dabei, die Konzentration zu stärken und sich ganz auf die Gegenwart, das Hier und Jetzt, zu fokussieren, ohne mit den Gedanken in der Vergangenheit oder in der Zukunft zu sein.

- Setzen Sie sich auf einen Stuhl oder in einen Sessel oder legen Sie sich hin.
- Die Arme liegen neben dem Körper oder bequem auf den Oberschenkeln.
- Beginnen Sie tief ein- und auszuatmen.
- Schließen Sie beim Ausatmen die Augen, kommen Sie langsam zur Ruhe. Sobald Ihre Gedanken abschweifen, kommen Sie mit Ihrer Aufmerksamkeit wieder zurück zur jeweiligen Körperregion.
- Beginnen Sie mit Ihren Füßen. Fühlen Sie, an welchen Stellen die Füße den Boden oder die Unterlagen berühren, und nehmen Sie die Fersen, die Fußsohlen, die Zehen und den Fußspann ganz bewusst wahr.
- Spüren Sie dann in Ihre Unterschenkel hinein, die Waden und die Schienbeine. Wandern Sie mit Ihrer Aufmerksamkeit in die Knie, die Oberschenkel und fühlen Sie, wo die Oberschenkel die Unterlage oder den Stuhl berühren.
- Wandern Sie dann mit Ihrer Konzentration in Ihren Bauch. Atmen Sie tief in den Bauch hinein und spüren Sie, wie sich Ihre Bauchdecke beim Atmen hebt und senkt.
- Fühlen Sie, wo der Rücken anliegt. Sind die unteren Rückenmuskeln entspannt? Überprüfen Sie, ob die Schultern locker nach unten hängen.

Das LIFO®-Persönlichkeitsmodell

Zum Schluss mache ich Sie mit dem LIFO®-Persönlichkeitsmodell vertraut. Mit der LIFO-Methode können Sie Ihr eigenes Verhalten und das Ihrer Kunden analysieren. Das hilft Ihnen beim Aufbau einer guten Gesprächsatmosphäre und von Vertrauen.

Die LIFO®-Methode (das steht für LIFe Orientation) wurde 1967 von Stuart Atkins und Allan Katcher entwickelt und unterscheidet vier grundlegende Verhaltensstile. Anhand dieses Modells können Sie sich selbst und auch Ihre Kunden analysieren. Sie erkennen dadurch Ihre eigenen Stärken, die Sie dann bewusst einsetzen können. Zugleich wird Ihnen klar, inwiefern Sie Ihre Stärken übertreiben, sodass sie zu Schwächen werden.

Im Kundenkontakt sollten Sie Gesprächstechniken nutzen, um sich Zeit zu verschaffen. Dann können Sie den Verhaltensstil Ihres Kunden erkennen und gezielt darauf eingehen.

Die vier Verhaltensstile der LIFO®-Methode lassen sich unter anderem anhand Ihrer Stärken charakterisieren:

1. Leistungs- und werteorientierter Stil: Höchstleistung, Unterstützung, Fairness, Verantwortung, Perfektionismus, hohe Ansprüche, Aufgeschlossenheit, Einsatz.
2. Aktivitäts- und effizienzorientierter Stil: Veränderungsbereitschaft, Direktheit, Dynamik, Kontrolle, Geschwindigkeit, Ergebnisse, Eigenständigkeit, Initiative, Zielorientierung, Risikobereitschaft.
3. Vernunft- und logikorientierter Stil: Organisation, Gründlichkeit, Kritik, Sachlichkeit, analytisches Vorgehen, Logik, „Zahlen, Daten, Fakten", Vorsicht, Reserviertheit, Kostenorientierung.
4. Kooperations- und harmonieorientierter Stil: Offenheit für Neues, Kommunikation, Flexibilität, Kontaktfreudigkeit, Beziehung, Verhandlungsgeschick, Humor, Begeisterungsfähigkeit, Kompromissbereitschaft, Einfühlungsvermögen.

Haben Sie jetzt schon eine Ahnung, welche der vier Verhaltensstile Ihre präferierten sind? Finden Sie sich bei den Stärken wieder? Falls Sie es noch genauer wissen wollen, gibt es auch einen ausführlichen Fragebogen zu dieser Methode, den Sie mit mir oder einem anderen LIFO®-Coach durcharbeiten können.

Fazit

Achtsamkeit beginnt bei uns selbst. Sie ermöglicht es, im Kundengespräch echtes Verständnis und gute Lösungen zu entwickeln. Mit Achtsamkeitstechniken kultivieren wir das Innehalten und das Verweilen im gegenwärtigen Moment. Regelmäßige Achtsamkeitsübungen führen zu einem klaren Geist und konzentrierter Tatkraft und erhöhen unsere Anpassungsfähigkeit. Uns immer wieder neu auszurichten, ist zentral für erfolgreiches Arbeiten. Die fünf Tipps verhelfen Ihnen zu einer verstärkten Wahrnehmung im Hier und Jetzt. Das Jetzt wird zum Brennpunkt Ihres Lebens.

Weiterführende Literatur

Götz-Lange, B.: Achtsam Verkaufen, GABAL Verlag, Offenbach, 2021

Czichos, R.: Profis managen sich selbst, Ernst Reinhardt Verlag, München u. Basel, 2001

Havener, T.: Ohne Worte, Rowohlt Taschenbuch Verlag, Reinbek, 2015

Kabat-Zinn, J.: Im Alltag Ruhe finden, Knaur Menssana Verlag, München, 2019

Romhardt, K.: Achtsam wirtschaften, Herder Verlag, Freiburg, 2017

von Hehn, S., von Hehn, A.: Achtsamkeit in Beruf und Alltag, Haufe Verlag, Freiburg, 2018

© Nina Grützmacher

Stefanie Indrejak

Stefanie Indrejak übernahm nach ihrer Ausbildung zur Sparkassenfachwirtin erste Führungs-verantwortung bis hin zur späteren Filialbereichsleitung. Als Sales-Trainerin und Vertriebscoach moderierte sie Workshops und begleitete Mitarbeitende on the Job im Bereich werteorientierter Verkauf und emotionale Intelligenz im Kundenkontakt.

Anschließend brachte Stefanie Indrejak ihre Erfahrungen als Führungskraft in der Führungskräf-te- und Personalentwicklung ein und entwickelte Nachwuchsführungskräfteprogramme.

Seit 2018 ist Stefanie Indrejak selbstständige Beraterin für Führung, Vertrieb und Selbstmanage-ment. Sie erweiterte ihre Expertise durch Fortbildungen zur agilen Trainerin, zur zertifizierten Moderatorin mit der Methode von Lego® Serious Play®, zum agilen Sales-Coach und Service-Coach sowie zum OKR Coach/OKR Master.

Stefanie Indrejak begleitet mit ihrem Team mehrjährige Transformationsprojekte und den Werte- und Kulturwandel in Unternehmen. Ihre Kunden sind namhafte mittlere und große Unterneh-men, die Wert auf langjährige Erfahrung und Kompetenz in der Transformation in Führung und Vertrieb legen.

Sie hält Vorträge zu den Themen Kulturwandel, agile und hybride Führung und Generationen-management.

Indrejak & TEAM - Consulting für Kulturwandel
Website: https://www.stefanie-indrejak.de/
E: Mail: info@stefanie-indrejak.de
Mobil: 0152 - 53475400

Team Forward – Wie sich bestehende Teams in veränderten Strukturen neu zusammenfinden

Ein Team entsteht nicht dadurch, dass ein paar Menschen zusammenarbeiten. Ein Team entsteht, wenn diese Menschen sich gegenseitig vertrauen.

Schön und gut, aber wie gelingt es, dass Teammitglieder, die zum Teil im Büro und zum Teil remote von einem anderen Ort aus arbeiten, sich gegenseitig vertrauen und effizient als Team zusammenarbeiten? Die Wirkungsbeziehungen am Arbeitsplatz vor Ort funktionieren in hybriden Teams nicht wie früher. Daher befinden sich viele Unternehmen an einem Punkt, an dem sie sich neu erfinden müssen. Das bedeutet eine Neuausrichtung von Teams. Ein naives Hineintappen, eine Rückkehr zum „Business as usual" der Teams wird nicht möglich sein. Deshalb müssen Unternehmen diese Neuausrichtung im Kulturwandel bewusst gestalten. Insbesondere gilt es, für Orientierung, Reflexionen und neue Rahmenbedingungen in den Teams zu sorgen. Es ist notwendig, dass bestehende Teams in veränderten Strukturen ganz neu zusammenfinden.

In diesem Beitrag beschreibe ich, was Sie als Führungskraft konkret für die Teampflege unternehmen und welche Tools Sie dabei unterstützen können.

Hybride Teams

Hybridarbeit kombiniert das Arbeiten vor Ort mit halbmobilem und remote Work. Die Mitarbeitenden können dabei selbst entscheiden, wie, wann und vor allem von wo sie ihre Arbeitskraft am besten für die Zielerreichung des Unternehmens einsetzen können. Entscheidend ist hierbei also keine Vorgabe „von oben", sondern die Selbstverantwortung der Mitarbeitenden ist gefragt. Das bedeutet eine größere Flexibilität und Entscheidungsfreiheit, die eine bessere Vereinbarkeit von Berufs- und Privatleben ermöglicht. Dadurch wird nicht nur weniger Zeit mit Pendeln verbracht, es lässt sich auch eine bessere Konzentration, höhere Motivation und Leistungsbereitschaft für das Unternehmen beobachten. Die meisten Mitarbeitenden schätzen diese Autonomie bezüglich ihrer Arbeitszeiten. Diese Zufriedenheit wird auch in ihren Leistungen gespiegelt und erzeugt Wertschöpfung für die Organisation. Die Accenture-

Studie „The Future of Work 2021"[1] hat ergeben, dass 83 % der weltweit 9000 Befragten zukünftig manchmal aus der Ferne und manchmal vor Ort arbeiten wollen.

Gleichzeitig erfordert dieses flexible Arbeitsmodell ein großes Vertrauen seitens der Führungskräfte. Hybride Arbeit erlaubt kein „Command and Control". Wer die Arbeitszeit und -ergebnisse seiner Mitarbeitenden in der Remote-Arbeit minutiös kontrollieren will, nimmt dieser Arbeitsweise die wertvollen Vorteile der Flexibilität und Freiheit, die wiederum langfristig zu einer größeren Mitarbeitendenzufriedenheit führen. Diese Art der Führung, in der weder Vertrauen noch Wertschätzung spürbar werden, ist auch unabhängig von hybrider Arbeit keine empfehlenswerte Strategie. Stattdessen braucht es ein Teambewusstsein, das auf Vertrauen basiert und damit die Grundlage für eine gelingende Zusammenarbeit schafft. Führungskräfte haben es in der Hand, die Arbeit vor Ort zu einem sinnstiftenden und für alle inspirierenden gemeinsamen Moment der Zusammenarbeit zu machen.

Die Identifikation als Team wird jedoch erschwert, wenn entsprechende Strukturen fehlen. Schnell kann es dann passieren, dass remote arbeitende Teammitglieder sich ausgeschlossen und geradezu von Vor-Ort-Kolleg*innen vergessen fühlen. Daher benötigt ein hybrides Team besonders viel Aufmerksamkeit für Kommunikation. Diese Arbeitsweise ermöglicht es per se nicht für alle Mitarbeitenden, sich wie zufällig auf dem Büroflur oder in der Kaffeeküche zu begegnen. Der private Austausch fehlt. Ein kurzes „Wie geht's, wie steht's?" im Vorübergehen mag im Arbeitsalltag banal wirken, zeigt aber doch auch ein Interesse am Gegenüber und kann somit den Zusammenhalt im Team fördern. Das fehlt, wenn nur ein Teil der Mitarbeitenden an einem Ort zusammenkommt, der andere aber nur virtuell erreichbar ist. Gerade in Arbeitsmodellen, bei denen nicht immer alle Mitarbeitenden am selben Ort zusammenkommen, kann schnell der Eindruck entstehen, dass jeder nur eigenbrötlerisch seine ihm verantwortete Aufgabe abarbeitet. Schließlich kann das fehlende Zusammensein auch dazu führen, dass Probleme sich durch die hybride Arbeitsweise leichter „aussitzen" lassen und sich in der Folge verschlimmern. Daher braucht es neue Strukturen, die das Teamfeeling aufrechterhalten oder erst mal neu entstehen lassen.

---

1 https://www.accenture.com/us-en/insights/consulting/future-work

Zudem wird Rückkehr in altbekannte Strukturen nicht zukunftsfähig sein. Hybride Teams gibt es inzwischen in nahezu allen Unternehmen, deren Geschäftsmodell es zulässt. Diese Firmen sind die modernen attraktiven Arbeitgebenden und werden in den Fokus des „War of Talents" rücken. Hybrid Work ist Zukunft und Gegenwart zugleich.

Es lohnt sich also, sich damit auseinanderzusetzen, wie Teamstrukturen in hybriden Arbeitsmodellen aufgebaut, aufrechterhalten und optimiert werden können. Manche unterschätzen die Relevanz zur Definition der neuen Zusammenarbeit. Viele Unternehmen wollen dies mit den langbekannten abgedroschenen Teambuilding-Maßnahmen erreichen.

Teamfeeling durch echtes Teambuilding

Der Begriff „Teambuilding" schwirrte bereits durch deutsche Unternehmen, lange bevor von hybridem Arbeiten überhaupt die Rede war. Meist wurden darunter stattfindende Teamevents mit Hochseilgarten und Spielchen mit verbundenen Augen im Grünen verstanden. Es wurden Ausflüge und Sportaktivitäten organisiert. Auch der wöchentliche gemeinsame Lunch erhielt den Stempel des Teambuildings. All das sind Maßnahmen, die ein Team kurzzeitig näher zusammenbringen können. Für ein echtes Teambuilding im hybriden Arbeitsalltag sind sie allerdings nicht geeignet.

Um wahres Teamfeeling aufkommen zu lassen, braucht es stattdessen gemeinsame Strukturen, die auch regelmäßige Reflexionen beinhalten. Dies schafft starke Teams, die verzahnt und ergebnisorientiert zusammenarbeiten. Denn in der komplexen Arbeitswelt kann das die Führungskraft alles nicht mehr allein leisten, die Welt ist in ständigem Wandel. Die Verantwortung muss auf mehrere Schultern verteilt werden. Nur so können sich Unternehmen und Organisationen zukunftsfähig aufstellen und den hohen Kunden- und Marktanforderungen begegnen.

Warum ist das so? Mit der Digitalisierung und der Suche nach Strategien und Konzepten, mit dieser Veränderung umzugehen, setzte sich der Begriff „VUCA" durch. Dieses Akronym steht für Volatilität (volatility), Unsicherheit (uncertainty), Komplexität (complexity) und Mehrdeutigkeit (ambiguity). VUCA sollte damit auf die Merkmale der modernen Unternehmenswelt hinweisen. Inzwischen hat sich mit „BANI" ein neues Akronym durchgesetzt, das deutlich macht, wie stark sich die Situation für Unternehmen verändert hat: brüchig (brittle), ängstlich (anxious), nicht-linear (non-linear) und unbegreiflich (incomprehensible).

Was zuvor nur volatil war, ist nun brüchig; die Unsicherheit wurde durch Angst ersetzt; komplexe Sachverhalte sind jetzt nicht-linear und Mehrdeutiges gar unbegreiflich. Es scheint, als herrsche Chaos in der Unternehmenswelt. Ja, es gab in der Vergangenheit weitreichende und unvorhersehbare Veränderungen, und nicht alle Unternehmen konnten darauf sofort gut reagieren. Altbekannte Abläufe, langwierige Prozesse und vorausschauende Planungen sind mit der vorherrschenden Unsicherheit und den sich immer wieder verändernden Anforderungen nicht länger zu vereinen. Zudem haben sich durch diese Umwälzungen bei vielen Menschen Werte, Bedürfnisse und präferierte Arbeitsweisen geändert. Doch die gute Nachricht ist, dass eine funktionierende Teamstruktur selbst im vermeintlichen Chaos eine gute Zusammenarbeit gewährleistet und damit ein Arbeiten erlaubt, das zu mehr Zufriedenheit und Leistungskraft führt. Eine Teambuilding-Methode für ein solches echtes Teamfeeling stellt das „Team Forward" dar.

Team Forward

Das Team Forward ist eine umfängliche Maßnahme des Teambuildings, die immer sinnvoll ist, wenn Teams zusammenkommen – auch nach Fusionen oder Transformationsprozessen. Es lohnt sich aber auch, wenn ein hybrid arbeitendes Team näher zusammenrücken und der Teamgeist gestärkt werden soll.

Im Rahmen eines Workshops werden idealerweise unter Anleitung eines Moderators oder einer Moderatorin neue Rollen und Zielsetzungen definiert, Konflikte gelöst und ihnen vorgebeugt, Vertrauen unter den Mitarbeitenden geschaffen und die Kommunikation innerhalb einer Gruppe verbessert. Dazu wird zunächst analysiert, wie das Team gerade aufgestellt ist, welche Stärken und Potenziale es mitbringt und was entsprechend die nächsten Schritte hin zur anvisierten Zielstruktur sein können.

Der Blick von außen durch den Moderator/die Moderatorin ist dabei besonders wertvoll, weil der gegebene Abstand Impulse ermöglicht, die Involvierten zunächst nicht in den Sinn kämen. Dafür braucht es zunächst den Entschluss, ein Team Forward als wertschätzenden Schritt für die Mitarbeitenden zu gehen. Ohne die Motivation zur stetigen Verbesserung der Beteiligten wird jede gute Absicht scheitern.

Wir brauchen vernetzte Teams, die über komplexe Herausforderungen nachdenken. Gut funktionierende Teams sind zukünftigen Powerzellen von leistungsstarken Unternehmen.

Fragen, die in einem Team-Forward-Workshop relevant sein können, sind zum Beispiel:

- Aus welchen Gründen wollen wir uns verändern?
- Was passiert, wenn wir uns nicht verändern?
- Was wollen wir konkret erreichen?
- Was heißt das für alle Beteiligten?
- Mit welchen Schritten starten wir?
- Woran merken wir, dass wir uns verbessern?
- Was könnte unser Vorhaben stören?
- Wie stellen wir sicher, dass wir nicht in alte Gewohnheiten zurückfallen?

Bezeichnend für ein Team Forward ist der konstruktive, gezielte Umgang mit Emotionen. Dieser führt zu innerer Klarheit und neuen wertschöpfenden Handlungsmöglichkeiten. Aus der reflektierten Beobachtung der eigenen Emotionen und Gefühle während des Workshops werden Erkenntnisse, Schlussfolgerungen und Handlungsmöglichkeiten aufgedeckt, die einen erstaunlichen Wandel mit sich bringen. Anstatt Ablehnung und Angst entstehen Akzeptanz und Toleranz und in der Folge grundlegende Lösungsoptionen und widerstandsfähigere Mitarbeitende.

Die Investition von finanziellen und zeitlichen Ressourcen in einen solchen Team-Forward-Workshop ist also durchaus lohnenswert, um ein Teambewusstsein zu schaffen, das auch Herausforderungen und Krisen übersteht. Doch es gibt auch eine Möglichkeit, das Teambuilding innerhalb des Teams ohne externe Unterstützung anzugehen: die Retrospektive.

Retrospektive

Die Retrospektive ist in allen Teams und jedem Unternehmen sinnvoll. Insbesondere bei agil arbeitenden Teams hat sich diese Form des Teambuildings und iterativen Vorgehens in Lernschleifen bereits als fester Bestandteil des Sprints etabliert.

Jede gelingende hybride Zusammenarbeit benötigt gegenseitige Unterstützung, einen offenen und respektvollen Umgang miteinander und auch mal den Mut, Neues auszuprobieren; das gilt auch für hierarchisch geführte Unternehmen und Teams. Zudem sollten Konfliktpotenziale möglichst frühzeitig angesprochen werden. Dies gelingt, wenn die Zusammenarbeit regelmäßig im Team thematisiert und analysiert wird. Dabei können auch bisherige Annahmen, komplizierte Prozesse und Abläufe hinterfragt und bei Bedarf optimiert werden. Insbesondere wenn diese Betrachtung in Form der Retrospektive in wiederkehrenden Abständen stattfindet, wird sie langfristige positive Effekte auf die Arbeitsgeschwindigkeit und die erreichten Ergebnisse sowie die Zufriedenheit und Motivation aller Teammitglieder haben.

Die Retrospektive bietet einen Moment zum Innehalten, zur Besinnung und Bewusstwerdung eventueller Herausforderungen und Stärken der einzelnen Person sowie des gesamten Teams. Dadurch kristallisieren sich auch Möglichkeiten der Optimierung heraus. Hierzu wird gemeinsam im Team eine gewisse Zeitspanne – z. B. das letzte Projekt, die letzte Woche, das letzte Quartal – betrachtet und dabei werden gezielte Fragen gestellt. Diese Fragen können sowohl die Teamarbeit beleuchten als auch zeigen, wo der gemeinsame Weg hinführen kann. Im Grunde geht es dabei immer um drei Themenbereiche der Zusammenarbeit:

• Was lief gut und soll so bleiben?
• Was muss optimiert und verändert werden?
• Was könnten wir Neues ausprobieren?

Als Inspiration für die Retrospektive können diese konkreten Fragen dienen:

• Was gibt uns Rückenwind? Wer treibt uns Wind in die Segel?
  Der Fokus bei dieser Fragestellung liegt auf jenen Aspekten, die bisher sehr gut funktioniert und Motivation geschaffen haben. Mit dem Blick

auf diese Motivatoren können diese bewusster wahrgenommen und dadurch verstärkt eingesetzt werden.

- Was sind unsere Stärken und Chancen?
  Auch hier steht wieder der Verstärkungseffekt im Fokus. Diese Frage ermöglicht die Bewusstwerdung, was das Team bereits positiv auszeichnet. Zugleich erkennt es, in welche Richtung eine Entwicklung gehen kann.

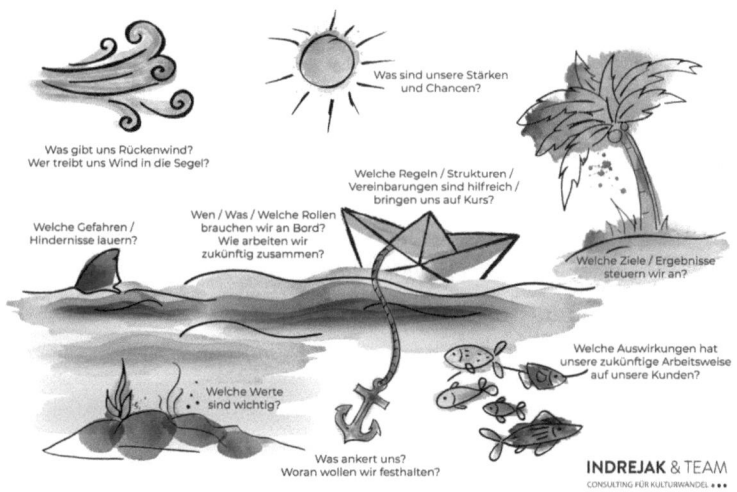

- Welche Gefahren/Hindernisse lauern?
  Wer weiß, wo die Gefahren lauern, kann sie sicher umschiffen oder für ein Learning nutzen. Somit verhindert eine frühzeitige Beschäftigung mit möglichen Hindernissen den Schiffbruch oder fördert iteratives Lernen. Womöglich gab es in der Vergangenheit bereits negative Erfahrungen. Jetzt bietet sich die Chance, zu erkennen, wo die Ursachen lagen, um sie künftig meiden zu können.

- Wen/was/welche Rollen brauchen wir an Bord? Wie arbeiten wir zukünftig zusammen?
  Teamkonstellationen sind nicht in Stein gemeißelt. Neue Projekte, veränderte Bedingungen oder andere Herausforderungen können es notwendig machen, das Team und die Zusammenarbeit umzustrukturieren. Ein Blick zurück kann auch hilfreiche Erkenntnisse für

die Zukunft bieten. Auch neue Tools oder Methoden können eine Möglichkeit für Austausch sein, um noch effizienter zusammenarbeiten zu können.

- Welche Regeln/Strukturen/Vereinbarungen sind hilfreich/bringen uns auf Kurs?
Ebenso wie die Teamzusammenstellung müssen und können bisher eingehaltene Absprachen nicht für alle Ewigkeiten gelten. Daher lohnt es sich, auch Rahmen, Regeln, Strukturen und Vereinbarungen regelmäßig kritisch zu betrachten und auf ihre Aktualität zu prüfen. Möglicherweise passen sie nicht zum neuen Kurs oder waren gar Auslöser, dass Ziele noch nicht erreicht wurden.

- Welche Ziele/Ergebnisse steuern wir an?
Natürlich kann der Kurs nicht ausgerichtet werden, wenn der Hafen nicht bekannt ist. Daher ist es elementar für den Teamerfolg, dass die Ziele und Ergebnisse möglichst konkret ausformuliert werden. Die Deadline könnte bereits der Termin für die nächste Retrospektive sein.

- Welche Werte sind wichtig?
Stimmen die individuellen Werte mit denen des Teams und des Unternehmens überein, führt dies nicht nur zu einer höheren Motivation und besseren Ergebnissen, sondern auch dank erhöhter Identifikation mit dem Unternehmen zu weniger Fehltagen und einer geringeren Fluktuation. Doch auch Werte befinden sich stets im Wandel, sodass ein regelmäßiges Bewusstmachen und Abgleichen notwendig wird.

- Was ankert uns? Woran wollen wir festhalten?
Die gemeinsamen Werte stellen bereits einen wichtigen Anker dar. Es gibt aber auch noch andere Aspekte, die ein Team stabil und motiviert halten. Möglicherweise ist das eine Neuerung, die seit der letzten Retrospektive erfolgreich ein- oder umgesetzt wird.

- Welche Auswirkungen hat unsere zukünftige Arbeitsweise auf unsere Kunden?
Bei allem Teamgeist dürfen die Kunden selbstverständlich nicht vergessen werden. Schließlich nützen die bestfunktionierenden Teams nichts, wenn am Ende niemand dafür zahlen mag. Da alle Überlegungen in der Retrospektive dazu dienen, die Zusammenarbeit im Team zu optimieren, werden die Kunden diese Veränderungen zum

Beispiel durch eine schnellere Bearbeitung der Anfragen/Aufträge oder durch ein verbessertes Produkt oder eine verbesserte Dienstleistung zu spüren bekommen. Sich diese Kundenzentrierung bewusst zu machen, kann zusätzlich die Motivation im Team erhöhen.

Die Ergebnisse der Retrospektive werden dokumentiert. Indem sie visuell dargestellt werden, dienen sie zum einen als Motivation für das weitere oder neue Zusammenarbeiten und zum anderen als Erinnerung an gemachte Vereinbarungen. Dazu werden die Überlegungen der gemeinsam besprochenen Punkte entweder auf Klebezetteln an der Wand oder auf einem virtuellen Board (z. B. mit den Online-Kollaborationsplattformen Miro oder Mural) festgehalten.

Die beschriebenen Workshopsettings des umfänglichen Teams Forward bzw. die kürzere Version der Retrospektive können gut in Präsenz oder auch remote als Online-Workshop moderiert und durchgeführt werden.

Ihre Rolle als Führungskraft

Insbesondere in agilen Teams sind Sie als Führungskraft Teil des Teams und keine außenstehende oder kontrollierende Instanz. Das Scrum-Modell sieht bereits Rollen für Verantwortlichkeiten (Moderator, Facilitator, Timekeeper) vor, die sich die Teilnehmenden der Retrospektive ziehen (Pull-Prinzip) – unabhängig davon, welche Position sie sonst innehaben.

In nicht-agilen Teams hingegen bedarf es eines Anstoßes der Führungskraft als Enabler. Ist die Methode der Retrospektive noch nicht Teil der Unternehmenskultur, braucht es Sie als Entscheidungstragenden, der den Rahmen schafft. Laden Sie hierzu Ihre Mitarbeitenden ein, indem Sie die Vorteile der Retrospektive für die gemeinsame Zusammenarbeit hervorheben. Nach Möglichkeit sollte sie nicht eine Besprechung von vielen sein, sondern sich durch einen festen Termin in einem festen Zyklus von übrigen Meetingterminen abheben. Planen Sie je nach Teamgröße 2 bis 3 Stunden dafür ein.

Während der Retrospektive dürfen Sie zunächst einmal alle Wahrnehmungen und Beobachtungen der Teammitglieder annehmen und sie nach Möglichkeit nicht bewerten. Wenn es um das Optimierungspotenzial der bisherigen Zusammenarbeit geht, sollte der Fokus darauf liegen, die Ursachen zu identifizieren und lösungsorientiert nächste Schritte zu planen. Die Suche nach Schuldigen führt stattdessen zu einer Fehlerkultur, die jedwede Offenheit und jedwedes Vertrauen gefährdet, anstatt auf Verantwortung zu setzen. Mitarbeitende wünschen sich eine Atmosphäre, in der Klarheit und Sicherheit herrschen, um auch heiklere Themen offen ansprechen zu können. Mit dem festen Blick auf mögliche Lösungsansätze schaffen Sie jedoch eine Arbeitsatmosphäre, in der sich mehr Mitarbeitende trauen, Verantwortung zu übernehmen und engagiert und motiviert an einem gelingenden Teambewusstsein zu arbeiten. Sie werden bereit sein, an einem gemeinsamen Ziel mitzuarbeiten und zusammen auch schwierige Zeiten durchzustehen. Dies gelingt, wenn Sie Vertrauen, ein Zusammengehörigkeitsgefühl und transparente Kommunikation fördern.

Retrospektiven können auch Momente sein, in denen sich herausstellt, dass einzelne Mitarbeitende sehr unzufrieden mit der aktuellen Situation sind. Dann empfiehlt sich ein vertrauensvolles Vier-Augen-Gespräch im Anschluss, in dem Sie der Unzufriedenheit auf den Grund gehen können. Je früher diese Unstimmigkeiten aus dem Weg geräumt sind, desto schneller können die Mitarbeitenden zu einem starken Team zusammenwachsen. Ihre Rolle als People-Carer ist in einem hybriden Team ohnehin stärker gefordert. Fehlt eine regelmäßige Zusammenkunft, kann es ohne entsprechende Strukturen schneller passieren, dass Mitarbeitende „abtauchen". Auch für diese Problematik ist die Retrospektive als regelmäßig wiederkehrender Austausch ein sehr nützliches Tool, um alle Teammitglieder im Boot zu behalten.

Ich bin der festen Überzeugung, dass die gute Zusammenarbeit von Teams und sinnstiftendes Arbeiten für Unternehmen den attraktivsten Weg in die Zukunft bedeutet. Denn jede Veränderung beinhaltet eine emotionale Komponente, und deshalb braucht es eine klare Kommunikation, die Vertrauen zwischen Menschen schafft.

© www.melanie-schneider.com

Bernd Kollmann

Als mehrfach zertifizierter Trainer/Coach mit über 22 Jahren Erfahrung, Mitglied im GABAL e.V., widmet sich Bernd der Führungskräfte- und Vertriebsentwicklung, der Trainerausbildung sowie der Vermittlung agiler Arbeitsformen. Mit selbst entwickelten Modellen und seinem Motto „Learning by Doing" schafft er ein solides und nachhaltiges Verständnis für alle Themenkomplexe.

In allen Seminaren mit Bernd dürfen Sie sich auf viele Anregungen für Ihr Arbeitsumfeld freuen. Ob Kommunikationsstrategien, Vertriebsentwicklung oder New Work – er hilft Ihnen mit einem versierten Training oder Coaching weiter. Er schafft eine angenehme & interaktive Atmosphäre und integriert dabei Gamification-Formate wie LEGO® SERIOUS PLAY® oder PLAYMOBIL®pro. Den Lernerfolg unterstützt er nachhaltig mit selbst erstellten Videos und digitalen Trainings.

Neben seiner Trainer-Tätigkeit übernimmt Bernd Kollmann regelmäßig Aufträge als Business- oder Personal-Coach. Zudem ist er als Moderator und Speaker auf vielen Veranstaltungen präsent und informiert über aktuelle Themen und neue Arbeitsmodelle.

www.berndkollmann.de
www.verrueckte-impulse.de

Charles Darwin und die Führungskultur: Adaptability und die Auswirkungen auf die Führungskräfteentwicklung

„Es war einmal das Leben – Die Zelle". Kennt das noch jemand? Eine Zeichentrickserie aus den 80ern, die komplett einfach und verständlich erklärt, wie das Leben funktioniert. Sie beschreibt die Adaptability (Adaptabilität, Anpassungsfähigkeit) der Lebewesen an die Lebensumstände, vom Meerestier zum Menschen, wie wir ihn heute kennen. Die Sinnhaftigkeit der Anpassung an die Gegebenheiten und deren Auswirkungen. Nach vielen Jahren der Anpassung und den Veränderungen daraus ergab sich das heutige Ergebnis des Menschen in seinen Grundeigenschaften.

Anpassungen haben aber nie ihr Ende gefunden, sie passieren täglich. In der Wirtschaft zum Beispiel werden Marken geboren und verschwinden ebenso teilweise wieder. In der Industrie lebt die Zeit der Technik: Wer leiht sich den Film noch auf VHS-Videokassette aus? Wie beschaffen wir uns Musik? Von der Platte und Kassette über die CD zum Streamingdienst. Alles Formen der Anpassung, verbunden mit Herausforderungen im Alltag wie auch in Unternehmen. Tägliche Herausforderungen für Führungskräfte im Umgang und in der Umsetzung.

Wir müssen uns heute damit arrangieren, dass im Job alles schneller und intensiver abläuft als in der Evolutionsgeschichte. Wir haben keine Jahrhunderte Zeit zur Anpassung, die Zeit ist sehr häufig deutlich kürzer. Zum Beispiel aktuell die „flächendeckende" Einführung digitaler Konferenzsysteme oder Homeoffice-Strukturen, für diese Anpassungen gab es nur wenige Wochen Zeit. COVID 19 ließ uns dafür keinen Überlegungsspielraum.

Wenn sich die Rahmenbedingungen ändern, gibt es die Möglichkeiten, kraftvoll weiterzumachen in der Hoffnung, die Herausforderung zu schaffen, oder sich anzupassen – aber ohne seine Ziele aufzugeben oder sich kleinzumachen.

Die Zeitgeschichte zeigt, dass die Anpassung an die Rahmenbedingungen der erfolgreichere Schritt war. Ganz nach Charles Darwin:

„Es ist nicht die stärkste Spezies, die überlebt, auch nicht die intelligenteste, sondern diejenige, die am besten auf Veränderungen reagiert."

Sprich: Wer sich am besten den aktuellen Gegebenheiten anpasst und somit über eine gute Adaptability verfügt, der überlebt.

Was hat das nun alles mit den Führungskräften in der Wirtschaft oder im Weltgeschehen zu tun?

Ganz schön viel. Führungskräfte lenken und steuern den Erfolg des Unternehmens, egal in welchem Bereich des Marktes oder der Gesellschaft dieses angesiedelt ist. Wenn Führungskräfte nicht adaptil und flexibel sind, führen sie nicht zum Erfolg ... und Erfolg kann schon reines Überleben sein. Hängt von den Rahmenbedingungen ab.

Adaptability oder Flexibilität

Lass uns also mal mit den Begriffen Adaptability (Adaptabilität, Anpassungsfähigkeit) im Vergleich zur Flexibilität beginnen. Da liegt schon der erste riesengroße Unterschied. Oft schon in der Stellenanzeige zu sehen, in der nach Flexibilität und nicht nach Adaptabilität gesucht wird. Ist das das Gleiche? Ist es vergleichbar? Das finden wir jetzt heraus. Im allgemeinen Sprachgebrauch werden beide oft synonym eingesetzt, aber in der Wirkung sind sie deutlich zu unterscheiden.

Flexibilität ist die kurzfristige Fähigkeit, auf veränderte Rahmenbedingungen zu reagieren. Das kann bei einer Person oder auch einem „Etwas" sein.

Stell dir vor, die Produktionsmannschaft hat ordentlich Druck, die Quartalszahlen zu erreichen, die erhöhten Auftragsmengen abzuwickeln, um die Kunden nicht warten zu lassen. Durch diesen extrinsischen Druck schafft es die Produktion, die vorgegebenen Ziele zu erreichen. Sie schaffen mehr Einheiten pro Stunde, nutzen andere Abläufe, arbeiten auch am Wochenende und in zusätzlichen Schichten. Aber sobald der Druck wegfällt, ist alles ganz schnell wieder beim Alten.

Das heißt, wenn ich über die Flexibilität Änderungen erreichen möchte, brauche ich klar erkennbare Leitplanken, mit passendem extrinsischem

Anlass, zum Beispiel Druck, Kontrolle, permanente Aufmerksamkeit, eingeschränkte Freiheiten …

Wenn du dich umschaust, ist das genau der Weg, den die meisten gehen, um Veränderungen umzusetzen. Das ist nicht nur mühsam, es wird begleitet von Unzufriedenheit, Fluktuation, Gegeneinander statt Miteinander, mangelndem Erfolg der Veränderung. Und vor allem kostet es viel Geld, Zeit und Energie. Also wozu?

Adaptability ist die Fähigkeit, das ganze Unternehmen (also eine eher komplexe Einheit) auf die veränderten Rahmenbedingungen einzustellen, vorzubereiten und zu begleiten.

Dafür braucht es ein paar „Dinge", die jeder kennt, aber nicht wirklich sinnvoll einsetzt. Das ist keine Raketenwissenschaft, das ist Basiswissen für Unternehmer und Führungskräfte, leider zu oft vergessen oder nie wirklich gelernt:

1. Eine klare und **verständliche Vision** mit Handlungsfeldern zur Unternehmensgestaltung bei Veränderungsprozessen.
2. Eine klare und **wirksame Kommunikation**, passend zum Unternehmen und den beteiligten Personen (Mitarbeitende bis zur obersten Führungsebene), „Übersetzer" für alle Unternehmensbereiche.
3. **Mitarbeitende**, die nicht nur „helfende Hände" sind, sondern sich fürs Unternehmen interessieren. Die Lust haben mitzudenken (es auch dürfen!!) und Verantwortung im Rahmen ihrer Möglichkeiten zu übernehmen. Diese übernehmen sie für sich, für ihren Bereich, ihr Team und gerne über den „Abteilungsrand" hinaus.
4. **Fähige Führungskräfte**, die können und wollen. Die verstehen, dass Führungsarbeit kein Nebenjob ist, schon gar nicht in sich laufend verändernden Rahmenbedingungen. Menschen, die eine ordentliche Ausbildung als Führungskraft haben und nicht auf ihr Fachwissen zurückgreifen, um sich aus der Situation zu verkrümeln, wenn es mal schwierig wird.

Für alle muss klar sein, dass in sich verändernden Rahmenbedingungen alle gefragt sind. Unternehmer mit unternehmen. Führungskräfte mit führen. Mitarbeitende mit arbeiten. Und alle gemeinsam mit dem Thema mitdenken. Und, liebe Führungskräfte: Die Führungsaufgabe in Veränderungen ist komplett anders als in stabilen, geregelten und langsamen Situationen, wie wir sie in der Vergangenheit hatten.

Natürlich gibt es Branchen, die auch einen schellen Takt kennen und damit souverän umgehen. Gar keine Frage. Aber, Hand aufs Herz, wie schnell ist deine Branche, dein Unternehmen? Bist du auf einem wendigen Schnellboot oder einem eher trägen Containerschiff? Viele sind eher gemächlich unterwegs. Das erlebe ich nun schon seit über 20 Jahren. In den letzten zehn Jahren fällt es mehr auf. In den letzten zwei Jahren (seit Anfang 2020) kannst du nicht mehr wegschauen. Das gilt für alle Beteiligten im Unternehmen, von dem/der Unternehmer*in, der Führungsmannschaft bis zu den Mitarbeitenden. Es zeigen sich ganz viele Handlungsfelder, die angepasst werden müssten. Aber das wird häufig wegignoriert: Prozesse stimmen nicht, Visionen existieren nicht, Missionen schon gar nicht, Führungskräfte führen ohne vernünftige Führungswerkzeuge (Homeoffice oder mobiles Arbeiten lässt grüßen) usw. Wo sind die passenden Kompetenzen der Führungskräfte?

Viele klassische Instrumente müssen den Rahmenbedingungen angepasst oder ergänzt werden oder dürfen ersetzt werden. Hast du das gemacht? Ich freue mich hier absolut über jedes gedachte oder ausgesprochene Ja und wünschte mir, es gäbe mehr davon. Leider sagt meine Erfahrung, dass da noch viel Luft nach oben ist. Wenn du hier alles richtig machst, freue ich mich auf eine Nachricht von dir. Ich würde gerne über mehr Firmen berichten, die Adaptability verstanden haben und ihren Weg gehen. Schreib mir gerne eine Nachricht und berichte mir von deinem Weg.

Nicht dass ein falscher Eindruck entsteht: Es gibt Führungskräfte und ganze Unternehmen, die machen einen richtig guten Job. Das macht mich glücklich. Aber es darf bzw. muss ein paar mehr davon geben. Oder siehst du das anders? In der Pflicht stehen sowohl Unternehmer*innen als auch die Führungscrew. Aber eines ist auch hier klar: Die operative Führungscrew hat die größten Chancen, etwas richtig Gutes zu bewegen. Dazu braucht sie Veränderungskompetenz, Adaptability, Flexibilität, passende Werkzeuge für die individuelle Führungsarbeit, Vertrauen und klare Aufträge. Dann geht es leichter, schneller und wirtschaftlicher, veränderten Rahmenbedingungen gerecht zu werden.

Zeit für eine Gedankenreise – Umdenken ist angesagt

 Ein traditioneller Führungsstil gibt vielen Sicherheit, das Bekannte fortzusetzten, weil es ja schon immer so war. Dieser Gedanke und dieses Handeln führen nur eher früher als später in eine Sackgasse. Alles befindet sich in einem ungeheuer schnellen Veränderungsprozess. Kommst du überhaupt noch nach, dein Wissen anzupassen? Wie schaffst du es, auf dem Laufenden zu bleiben?

Durch Selbstreflexion und Wahrnehmung des Geschehens erkennen viele die Grenzen der eingefahrenen Wege. Gerade Führung braucht heute mehr, mehr als das bereits Bekannte. Sie braucht Veränderungskompetenzen, Kommunikation, und nicht nur Anweisung ohne Austausch. Empathie, Selbstführung, Eigenorganisation, Vertrauen sind nur einige Instrumente, welche in einer guten Kombination eine gute Komposition ergeben. Sprich: Es braucht ein neues oder zumindest angepasstes Mindset. Deine Einstellung dazu macht das Ergebnis aus. Die Adaptability ist hier eine grundlegende Kompetenz, um den Anforderungen gerecht zu werden.

Entwickle ein wandlungsfähiges Führungskonzept, passend zu deinem Unternehmen, deinem Team, aber auch passend zu dir in deiner Person. Führung ist nur dann überzeugend, wenn sie aus Überzeugung gelebt wird.

Such dir auch passende Werkzeuge aus anderen Welten, wie z. B. der agilen Welt, und nutze diese. Binde deine Mitarbeitenden in die Prozesse ein und nutze das Wissen deines ganzen Unternehmens für die Entwicklung. Öffne Räume für Wachstum, Veränderung und Fortschritt und schaffe eine aktive Zukunftsperspektive.

Stell dir selbst und deinem Führungsteam im nächsten Meeting folgende Fragen:

- Wo stehe ich, wo steht das Führungsteam als Ganzes?
- Wo stecken Entwicklungsmöglichkeiten und Potenziale?
- Was brauchen unsere Führungskräfte, Mitarbeitenden, Kunden, Lieferanten?

- Was brauchen wir als Führungskräfte an Skills, um dem Ganzen wirkungsvoll gerecht zu werden?
- Wie wirkt unser Führungskonzept?
- Braucht es einen neuen Weg, um erfolgreich zu bleiben?
- Mit welchen Werkzeugen können wir das lösen?
- Reichen die Bordmittel oder brauchen wir externe Unterstützung?

Wir sind mitten in der VUKA-Welt – kurz übersetzt in der Welt von

V = Volatilität (Schwankungen)
U = Unsicherheit
K = Komplexität
A = Ambiguität (Mehrdeutigkeit).

Könnt ihr damit umgehen, vom Unternehmer/der Unternehmerin über die Führungscrew bis hin zu den Auszubildenden? Produktlebenszyklen werden immer kürzer, disruptive Innovationen beschäftigen die Unternehmer*innen, Digitalisierung hält überall Einzug, Kundeninteressen verändern sich schnell, Technologien werden schneller angepasst, Warenflüsse ziehen neue, schnellere Bahnen, Internationalität wird großgeschrieben – viele Faktoren, die die Welt und ihre Entwicklung sehr schnell werden lässt.

Woher kommen deine Grundlagen für Entscheidungen? Wie lange hält eine Entscheidung an? Wie schnell kannst du dich und dein Unternehmen oder Team an die Gegebenheiten anpassen? Hast du die notwendigen Fähigkeiten, um VUKA zu begegnen?

Ich bin mir sicher, dass die Fähigkeiten in deinem Unternehmen vorhanden sind. Du musst nur dein Mindset, das deiner Mitarbeitenden, deine Wahrnehmung anpassen und die eingetretenen Wege überprüfen. Schau durch die Brille der Veränderung und fokussiere deinen Blick auf Adaptability und Flexibilität. Optimiere deinen Führungsstil und damit deine Arbeitswelt. Sei offen für Wahrnehmungsveränderungen. Nimm aktiv wahr, höre zu und frage nach der Meinung der anderen. Gehe in Dialoge und schaffe eine Vision, sowohl für das Unternehmen als auch für die einzelnen Bereiche und dein Team. Sei der/die Unterstützer*in für alle Beteiligten, damit sie ihren Weg erkennen und auch einhalten können. Führe dein Unternehmen, dein Team weg vom schwerfälligen Containerschiff hin zu mehreren agilen Schnellbooten, die im Verbund mit einem ordentlichen Transportschiff arbeiten.

Und ja, das geht nicht von heute auf morgen. Das braucht Zeit, eine gute Ausdauer und Know-how.

Herausforderungen an die Adaptability der Führungskräfte

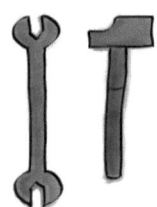

Der Werkzeugkoffer von vielen Führungskräften ist nur wenig bestückt, der von manchen sogar leer. Mitarbeitende werden aus der Expert*innenrolle herausbefördert, andere waren einfach „an der Reihe", wieder andere werden kraft ihres Studiums zur Führungskraft.

Leider sind bei allen drei Vorgehensweisen die Voraussetzungen nicht gleichbleibend gut. Selbstverständlich gibt es bei allen drei Wegen gute Führungskräfte, die sich im Unternehmen etablieren, aber wie viele sind es nicht? Erfahrungsgemäß deutlich mehr.

Wie viele gute Fachexperten stehen vor der schwierigen Aufgabe, Menschen zu führen? Wie viele erfahrene Mitarbeitende werden zur Führungskraft und können ihr fachliches Erfahrungswissen nicht mehr einsetzen? Wie viele junge, studierte Menschen übernehmen Führungsverantwortung, weil es das Jobprofil vorgibt?

Hand aufs Herz: Würdest du eine*n Handwerker*in ohne passendes Werkzeug und fundierte Ausbildung an deinen Maschinen im Unternehmen arbeiten lassen? Ist es nicht so, dass du dich beim Besuch bei Ärzt*innen darauf verlässt, dass diese ihr Fach verstehen und du eine wissenschaftlich fundierte Behandlung erhältst?

Genau aus dem Grund gilt mein Ansatz der Entwicklung der Führungskräfte.

„Führungskraft" ist für mich wie ein Ausbildungsberuf mit Zugangsvoraussetzungen: eine Ausbildung über einen vernünftigen Zeitraum hinweg, in dem man sich mit den Aufgaben und der Verantwortung dieser Position vertraut machen kann. Ein Auswahlverfahren, in dem das Interesse an Menschen und Menschenführung im Vordergrund steht, ebenso, ob die notwendigen Basiswerte wie z. B. Adaptability und Flexibilität vorhanden sind. Ein Entwicklungsplan, der die Handlungsfelder markiert, rundet das Ganze ab. So gelingt es dir, mit geeigneten, gut ausgebildeten Führungskräften ein Unternehmen zum Erfolg zu führen.

Kompetenzen in folgenden Handlungsfeldern sind in meiner Betrachtung existenziell für wirksame, akzeptierte und erfolgreiche Führungskräfte:

- Selbstwahrnehmung und Fremdwahrnehmung
- Kommunikation
- Moderation/Präsentation
- Zusammenarbeit
- Eigenorganisation
- Widerstandsfähigkeit/Selbstführung
- Konfliktfähigkeit
- Changeability
- Agilität
- Führung auf Distanz

Dies gilt es zu checken und mit dem Unternehmen abzugleichen und zu bewerten. Dabei wird geklärt, was noch notwendig ist, aber auch, was schon ganz gut passt. Es muss nicht bei allen Beteiligten grundlegend verändert werden. Da siehst du, wie individuell das Entwicklungsprogramm sein kann oder besser gesagt sein muss.

Fluktuation hat im Unternehmen sehr häufig mit einer mangelnden Führungskompetenz zu tun. Mitarbeitende bewerben sich in einem Unternehmen, beginnen dort ihren Weg, überzeugt von den ersten Eindrücken und den eigenen Fähigkeiten, diese dort einzubringen. Letztendlich verlassen sie aber die Führungskraft, die es nicht geschafft hat, mit den richtigen Werkzeugen die Mitarbeitenden zu begleiten und zu entwickeln.

Damit ist sehr klar, wie fahrlässig oft Entscheidungen für Führungspositionen sind, ohne das richtige Auswahlverfahren, die passende Ausbildung, den notwendigen Werkzeugkoffer und eine kontinuierliche Begleitung. Wer wählt denn Führungskräfte in einem Unternehmen aus? Doch auch oft Führungskräfte, die genauso wenig einen passenden Werkzeugkoffer besitzen. Das macht deutlich, wie wichtig dieses Thema über alle Ebenen hinweg in einem Unternehmen ist. Forderung und Förderung ist der Unternehmensauftrag. Stelle sicher, dass deine Investition in gute Mitarbeitende durch fehlende Führungskompetenzen nicht kaputt gemacht wird.

Wir müssen die Führungskräfte heute umso mehr darin fördern, in zwei Welten zu bestehen. Zum einen in der Fachwelt, in einer extrem schnellen

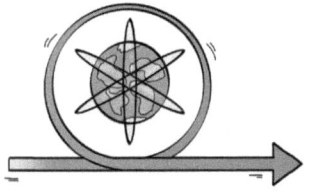

Welt mit vielen wechselnden Anforderungen, und in der Führungswelt, mit zeitgemäßen Führungskonzepten und individuellen Führungskompetenzen. Dazu braucht es einen bedürfnisorientierten, wertschätzenden und kooperativen Führungsstil, gepaart mit Adaptability und Weitblick.

Wie schon zu Beginn zitiert: „Es ist nicht die stärkste Spezies, die überlebt, auch nicht die intelligenteste, sondern diejenige, die am besten auf Veränderungen reagiert." Das erkannte der Evolutionsforscher Charles Darwin bereits vor über 150 Jahren. Und wie handeln Unternehmer*innen und Führungskräfte heute noch?

Das bedeutet für dich als wirksame Führungskraft in der schnellen, wandelbaren und digitalen Welt: Passe dich an veränderte Rahmenbedingungen an. Löse dich von unbrauchbaren, traditionellen Führungskonzepten. Schaffe flexible Arbeits- und Führungsprozesse. Sei mit Spaß und Freude erfolgreich. Das wünsche ich dir.

Copyright der Grafiken: www.verrueckte-impulse.de

© Kirschhofer Fotografie

Jürgen Nowoczin

Ausbildung: Studium der Pädagogik, Psychologie, Soziologie (Diplom-Pädagoge), Personal-assistent/Assistent Aus- und Weiterbildung (IHK), Trainer, Moderator, Business Coach

Über 30 Jahre Tätigkeiten in der Industrie (u.a. bei Mannesmann, Siemens ...) im Bereich Perso-nalentwicklung/Talentmanagement, auch in leitenden Funktionen

Gründer eines HR-Start-up-Unternehmens, Senior Partner bei now bildungsmanagement

Seit 1999 Dozent an verschiedenen Hochschulen,

Autor von Fachartikeln und Büchern zu verschiedenen Managementthemen

team@now-bildungsmanagement.de
www.now-bildungsmanagement.de

Herausforderungen meistern – mit Neugier und Kreativität Nutzen schaffen

Da haben wir wieder etwas Neues: Adaptability oder Anpassungs-fähigkeit. Und schon machen sich viele – auch Buchautoren – darüber Gedanken, was man darunter zu verstehen hat, ob man das braucht und/oder wie man das konkret im Arbeitsalltag etabliert. Dabei geht es bei der Anpassungsfähigkeit nicht, wie man vielleicht befürchten könnte, um Gleichmacherei, um Stromlinienförmigkeit von Systemen, Organisationen und Mitarbeitenden oder das Mitmachen jedes noch so unsinnigen Trends, wenn er denn nur neu ist. Anpassungsfähigkeit bedeutet im Kontext von Digitalisierung und New Work, schnell, am besten antizipierend, in jedem Fall aber zielgerichtet auf neue Herausforderungen der Gesellschaft, des Marktes, der Prozesse und der Strategie reagieren zu können. Und dies darf kein „Strohfeuereffekt" sein, wenn nach viel Begeisterung zu Beginn ebenso viel Ernüchterung bei der Umsetzung von Veränderungsprozessen folgt, sondern es geht um Nutzen und Nachhaltigkeit.

Ich zeige Ihnen nachfolgend anhand einiger Impulse und einfacher methodischer Inputs, wie die Anpassungsfähigkeit in Unternehmen in den Fokus genommen kann, innovative Konzepte erdacht und Ideen umgesetzt werden können. Nutzen Sie dafür die in Ihrem Hause bereits vorhandenen Wissensressourcen und Erfahrungsschätze der Mitarbeitenden. Nicht in jedem Fall muss das Rad neu erfunden werden. Oft genügt es schon, bereits vorhandene Ansätze aufzugreifen, (endlich) in die Tat umzusetzen und dabei die richtigen Stakeholder einzubinden.

Die Ausgangslage

Die nun schon zwei Jahre andauernde Pandemie hat uns neben den gesellschaftlichen Einschränkungen Versäumnisse der Vergangenheit aufgezeigt und neue Arbeitsformen erforderlich gemacht, um die Wirtschaftsprozesse aufrechtzuerhalten. Zum einen haben wir gemerkt, dass der vielfach bejubelte „Just in time"-Ansatz, also das frühere „Lager auf die Ladeflächen von Lkws verlagern", nicht funktioniert, wenn Ressourcen (z. B. Lkw-Fahrer) knapp werden. Oder wenn der nach Schließung der eigenen Produktionskapazitäten aus Fernost bezogene Nachschub an Materialien nicht kommt. Oder ein weltweiter Wettbewerb um die Rohstoffe unter Anheizen der Preise und der Inflation die Warenströme anders fließen lässt. Zum anderen konnten wir die Strukturen von Großraumbüros und Werkshallen aufgrund der Ansteckungsgefahr und des möglichen Ausfalls zahlreicher Mitarbeitender oder ganzer Produktionsbereiche nicht mehr beibehalten. Es kam das Homeoffice. Neue Herausforderungen in der organisatorischen Abwicklung: von der Ergonomie des häuslichen Arbeitsplatzes, der IT-Vernetzung bis zu einer anderen Qualität für Führung.

Zudem fiel uns die mangelhafte Ausstattung der Schulen beim Distanzunterricht und Homeschooling auf die Füße. Wir mussten erkennen, dass ein wegen zu starker Profitorientierung unterbesetztes und unterbezahltes Gesundheits- und Pflegesystem schnell an seine Grenzen stoßen kann. Ohne tragbare Konzepte wurde der Mangel verwaltet und nach dem Prinzip „Versuch und Irrtum" nach Lösungen gesucht. Und so haben wir uns irgendwie durchgewurschtelt. Wir waren von jetzt auf gleich in einem Lernprozess und sind es noch heute. Bleibt zu hoffen, dass die gewonnenen Lehren und Erkenntnisse nach Beruhigung der Lage nicht gleich wieder verpuffen. Anpassungsfähigkeit und vorausschauende Aufgabenbewältigung sollte dem entgegenwirken.

Bewältigte Herausforderungen

Schon beim Agilitäts-Ansatz von Parsons aus den 50er-Jahren des vergangenen Jahrhunderts war ein Aspekt die Anpassungsfähigkeit des Systems sowie die Kompetenz, aufgrund von Erkenntnissen neu entwickelte Standards in die Organisation dauerhaft zu integrieren. Ohne eine solche Fähigkeit wäre Ihr Unternehmen oder Ihre Organisation schon längst von der Bildfläche verschwunden. Sie mussten also immer wieder Anpassungen und Neuorientierungen mit Blick auf veränderte Rahmen- und Marktbedingungen vornehmen. Insbesondere weil die Welt sich von Kompliziertheit in Komplexität gewandelt hat, wie nachfolgende Übersicht[1] zeigt.

---

1 Jürgen Nowoczin: 30 Minuten Kollegiale Beratung, Offenbach, GABAL 2020

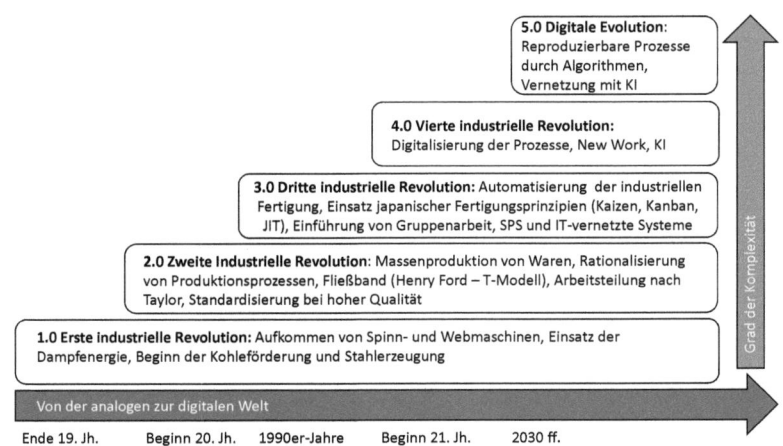

5.0 **Digitale Evolution:** Reproduzierbare Prozesse durch Algorithmen, Vernetzung mit KI

4.0 **Vierte industrielle Revolution:** Digitalisierung der Prozesse, New Work, KI

3.0 **Dritte industrielle Revolution:** Automatisierung der industriellen Fertigung, Einsatz japanischer Fertigungsprinzipien (Kaizen, Kanban, JIT), Einführung von Gruppenarbeit, SPS und IT-vernetzte Systeme

2.0 **Zweite Industrielle Revolution:** Massenproduktion von Waren, Rationalisierung von Produktionsprozessen, Fließband (Henry Ford – T-Modell), Arbeitsteilung nach Taylor, Standardisierung bei hoher Qualität

1.0 **Erste industrielle Revolution:** Aufkommen von Spinn- und Webmaschinen, Einsatz der Dampfenergie, Beginn der Kohleförderung und Stahlerzeugung

Grad der Komplexität

Von der analogen zur digitalen Welt

Ende 19. Jh.   Beginn 20. Jh.   1990er-Jahre   Beginn 21. Jh.   2030 ff.

Ein paar Beispiele für bereits bewältigte Anpassungen:

- die Abkehr vom Taylorismus, also der Fließbandarbeit und der Betrachtung und Bewertung ausschließlich einzelner Arbeitsschritte, der Arbeitsteilung,
- die Entdeckung von Prozessen – von der Auftragserteilung bis zur Auslieferung des Produkts oder der Dienstleistung,
- die Einführung von Teamarbeit und Erweiterung der Gestaltungs- und Entscheidungsspielräume der Mitarbeitenden unter Einbeziehung ihrer Wissens- und Erfahrungspotenziale (Lean Management),
- die Erkenntnis, sich nicht mit einem einmal erreichten Fortschritt zufriedenzugeben, sondern sich kontinuierlich zu verbessern (Kaizen),
- die Abkehr von der Illusion, alles automatisieren zu können,
- der Einzug von Robotern und Computern in den Arbeitsalltag und die in rasantem Tempo erweiterte Datenverarbeitungskapazität (vom Floppy-Disketten-Laufwerk zur Mini-Festplatte im Terrabyte-Format),
- das (vielfach geglückte) Experiment, die Stechuhr am Werkstor zugunsten von Vertrauensarbeitszeit zu ersetzen,
- die Überwindung von Produkthybris für eine Kundenorientierung unter Einbeziehung von deren Problemstellung und Bedarf,

- die Verschiebung in der Prozessbewertung von einer Leistungs- zu einer Nutzenbeurteilung,
- die Digitalisierung zahlreicher Arbeitsabläufe (von der Hauspost zur E-Mail),
- die Einführung neuer Mindsets (Agilität), neuer Methoden (Scrum), neuer Kompetenzen (s. u.),
- die Entdeckung der Innovation als treibender Kraft für zukunftsfähige Produkte und Dienstleistungen – sei es strategisch im Sinne einer Disruptionsvermeidung oder situationsbedingt wie z. B. die Entwicklung von Corona-Impfstoffen.

Zwei Arten von Herausforderungen

Bevor Sie sich Hals über Kopf in die vermeintlich notwendige Anpassungsoffensive stürzen, sollten Sie überlegen:

- was für Ihr Business gerade „dran" ist,
- woran Sie nicht vorbeikommen,
- was der Markt, die Kunden von Ihnen erwarten.

Hier sprechen wir von Herausforderungen 1. Ordnung. Sie *müssen* handeln.

Bei Herausforderungen 2. Ordnung überlegen Sie,

- was Ihre Rentabilität erhöht,
- was Ihre Abläufe optimiert,
- wie Ihre Produkt- oder Dienstleistungspalette sich in Zukunft entwickeln soll.

Manchmal hilft die richtige Frage, einen Analyse- und Denkprozess einzuleiten, der Sie dann auch auf die Spur der für Sie machbaren und Erfolg versprechenden Lösungsansätze führt. Hier ein paar solcher Impuls-Fragen:

- Was soll denn am Ende eines Anpassungsprozesses besser oder anders sein als heute?
- Welche Vision haben Sie für Ihr Business bezogen auf den Zeithorizont von drei, fünf oder zehn Jahren?

- Welche konkreten Ziele verfolgen Sie kurz-, mittel- oder langfristig? Haben Sie dafür einen Meilensteinplan?
- Sind diese Ziele kommuniziert und von allen akzeptiert?

Und nun noch konkreter: Wollen Sie in Ihrem Unternehmen, Ihrer Organisation, überhaupt

- weniger Hierarchie,
- mehr Spiel- und Entscheidungsräume bei den Mitarbeitenden,
- eine durchgehende Teamarbeitskultur,
- andere, supportorientierte Aufgaben in der Führungsrolle,
- Freiräume für Kreativität und Innovation,
- Zufriedenheit mit 80-%-Lösungen statt Perfektionismus,
- Beschleunigung in Prozessen und Abläufen?

Herausforderungen beantworten

Anpassungsfähigkeit ist daher weniger Strategie als eher eines der Werkzeuge, um den Übergang zu Industrie/Arbeit 4.0 und von der „Kompliziertheit" der Dinge zur „Komplexität" zu bewältigen.

Schauen wir aber auch einmal auf die aktuellen Herausforderungen und Fragestellungen:

- Wie gehen wir mit den Ängsten und Sorgen der Mitarbeitenden um?
- Wie sieht bei uns die „neue Normalität" in der Corona-Zeit aus?
- Welche zwischenzeitlichen Veränderungen wollen wir beibehalten (z.B. Homeoffice), welche zurücknehmen?
- Welche Prozesse können ganz entfallen oder sollten neu gestaltet werden?
- Welche neue „Online-Kultur" hat sich etabliert?
- Welche Auswirkungen sehen wir im Blick auf unsere Märkte im In-, aber vor allem auch im Ausland?
- Was haben wir bisher aus der Krise gelernt?

> „Die reinste Form des Wahnsinns ist es, alles beim Alten zu lassen und gleichzeitig zu hoffen, dass sich etwas ändert."
>
> Albert Einstein

Neue Herausforderungen führen zu neuen Kompetenzen

Wir alle sind in der sogenannten „VUCA-Welt" inzwischen mehr oder weniger zu Hause. Darin geht es u. a. darum, das sichere Terrain unserer Komfortzone und der 100-Prozent-Lösungen zu verlassen und sich auf Unsicherheiten und Neuland einzustellen. Und diese neue Unsicherheit führt zu der Notwendigkeit, sich jederzeit und schnell auf neue Situationen einstellen zu können. Dazu brauchen wir Kompetenz. Was versteht man unter Kompetenz? Schon Mitte der 1970er-Jahre beschrieb der Deutsche Bildungsrat berufliche Kompetenzen in einer Weiterführung der Qualifikationen „als Fähigkeiten, Fertigkeiten, Wissensbestände und Einstellungen, die das umfassende fachliche und soziale Handeln des Einzelnen in einer berufsförmig organisierten Arbeit ermöglichen"[2].

Schauen wir einmal kurz auf die bisherigen Kompetenzmodelle:

Am Anfang waren da die „Basics":

- Fachkompetenz (Wissen, fachbezogene Fähigkeiten und Fertigkeiten),
- Methodenkompetenz (der adäquate Einsatz der richtigen Werkzeuge),
- soziale Kompetenz (die Fähigkeit der Interaktion mit anderen).

Dann stellte man fest, dass es ja auch noch einige Parameter gibt, die in der Person des Mitarbeitenden liegen (Auftreten, Wirkung, Extro- oder Introvertiertheit). Es kam hinzu die

- persönliche Kompetenz.

Lange Jahre hielt man dieses Quartett für ausreichend. Ich sehe nun angesichts der aktuellen Herausforderungen weitere wichtige Kompetenzen:

- systemische Kompetenz – die Fähigkeit, im Ganzen, in Zusammenhängen, im Netzwerk zu denken und die Konsequenzen des Handelns für vor- und nachgelagerte Bereiche, den Prozess, das System und die Organisation zu beachten.
- Innovationskompetenz – die Fähigkeit, „out of the box" zu denken, Trends und Herausforderungen zu antizipieren und dazu neue Ideen, Konzepte, Produkte und Dienstleistungen zu entwickeln.

---

2 https://www.bibb.de/de/8570.php

- Transferkompetenz – die Fähigkeit, Ideen und Konzepte, die als richtig erkannt wurden, im Rahmen eines Change-Prozesses auch tatsächlich in den Arbeitsalltag zu integrieren, neue Standards zu setzen, Prozesse zu optimieren.

Die Anpassungsfähigkeit könnte Kandidat für eine neuerliche Ergänzung sein oder sie subsummiert sich unter der Innovationskompetenz als ein kurzfristig orientierter Teilaspekt.

Der erste Schritt zur (Ver-)Besserung ist also die Bereitschaft, ausgetretene Pfade – zunächst vielleicht nur einmal gedanklich – zu verlassen. Diese Bereitschaft ist somit ein Teil oder elementare Voraussetzung für die Anpassungsfähigkeit.

„Wenn du merkst, dass du ein totes Pferd reitest, steig ab!"

Weisheit der Dakota-Indianer

Ein Ansatz ist zum Beispiel die 6-C-Strategie:[3]

> - **Challenge** (regard a challenge as a chance)
> - **Curiosity** (keep your eyes open and your brain active)
> - **Charisma** (get people empowered and enthusiastic)
> - **Creativity** (ignore any kind of limits)
> - **Communication** (be connected with everyone who is concerned)
> - **Consequence** (make things happen)

Zur Anpassungsfähigkeit gehört in diesem Sinne auch:
- Veränderungssignale frühzeitig wahrzunehmen (Sensing),
- schnell und mit möglichst wenig Ressourceneinsatz festzustellen, ob sich aus den Veränderungen eine Chance (= Wertschöpfung) ergeben könnte (Seizing),

---

3 Vgl. Jürgen Nowoczin: 30 Minuten Kollegiale Beratung, Offenbach, GABAL 2020.

- Lernorientierung zu stärken, Lern- und Reflexroutinen im Alltag zu verankern (Pitching),
- kundenorientiert zu handeln,
- Reagibilität und Handlungsorientierung zu stärken, das bedeutet: be aware -> be fast -> be active -> be encouraged … be successful.

Werkzeuge für die Anpassungsfähigkeit

Mitarbeitende fördern und fordern

Anpassung sowie Veränderung funktioniert nur in der Symbiose aus System/Organisation auf der einen und den Mitarbeitenden auf der anderen Seite. Viele Change-Prozesse sind daran gescheitert, dass die Organisation (manchmal radikal) angepasst werden sollte, aber die Mitarbeitenden nicht mit einbezogen und mitgenommen wurden. Anpassungsfähigkeit bedeutet an dieser Stelle, Ziele der Anpassung gemeinsam zu entwickeln, sodass sie abgestimmt und akzeptiert sind. Betroffene werden zu Beteiligten.

Damit dies gelingt, lohnt ein Blick auf die Stellenprofile und die Übersicht der Arbeitsaufgaben. Was muss geändert, angepasst werden? Im nächsten Schritt erfolgt die Skills-Analysis: Welche Kenntnisse, welche Fähigkeiten und Fertigkeiten sind bei den Mitarbeitenden schon ausreichend vorhanden, welche müssen ergänzt oder neu entwickelt werden (Identification and Defining of Lacks)? In welcher Form kann das geschehen? Wir brauchen eine Qualifizierungsoffensive. Dabei ist zu überlegen, ob das immer noch gültige „lebenslange Lernen" von den Unternehmen noch weiter „auf dem Silbertablett" serviert wird oder die Mitarbeitenden im Rahmen von Angeboten (inhaltlicher und zeitlicher Art) selbst die Weiterbildungsverantwortung übernehmen. Zurzeit stark im Kommen sind die sogenannten „Lern-Nuggets" – kleine, meist online zur Verfügung gestellte Lerneinheiten zu den verschiedensten Themen, in einem Umfang von ca. 10 bis maximal 20 Minuten.

Die Anpassungsfähigkeit kann durch zwei weitere Instrumente gefördert werden:

- Erstens die konsequente Nachwuchsförderung, zum Beispiel durch den Talent-Pool, der nach bestimmten transparenten Voraussetzungen gefüllt wird und aus denen sich das (HR-)Management bei Bedarf bedient. Dazu gehört auch die Kommunikation von Anforderungsprofilen für bestimmte Positionen und Aufgaben sowie die Umgestaltung der Karriere-Leiter, weg von der klassischen vertikalen Aufstiegsorientierung hin zu einer horizontalen Entwicklungsmöglichkeit in hochwertigen Projekt-, Koordinierungs- und Expertentätigkeiten.

- Zweitens: die persönliche Standortbestimmung in der beruflichen Lebensmitte (Midlife-Review). Dieses Modell wurde 2015 mit dem New Deals Award für innovative Personalentwicklung ausgezeichnet. Dabei geht es neben einer Stärken-Schwächen-Analyse um eine systematische, durch Fragen unterstützte Selbstreflexion: zurückblickend, was gut gelaufen ist, und vorausschauend, was man gern beibehalten bzw. was man neu oder anders machen möchte. Hinzu kommt das Angebot eines „Cross-Change" für die berufliche Zukunft, d.h. die bisherige Führungskraft wechselt zur Projektleitung oder in die Expert-Position. Projektleiter oder Expert übernehmen Führungsaufgaben. Zudem gibt es ein Portfolio an neuen (an New Work und Digitalisierung orientierten) Stellen bzw. Funktionen, wie z.B. den „Internal Consultant", den „Innovation Officer", den „Change Agent", den „Health Manager", den „IT-Anwendungs-Supporter" usw.

Selbstverständlich kann die Anpassung der Mitarbeitenden nicht der einzige Aspekt bleiben. Angepasste, auf die Zukunft ausgerichtete Mitarbeitende kollidieren zwangsläufig mit und scheitern in einer Organisation, die alles beim Alten lässt. Die aktuellen Herausforderungen forcieren auch die Anpassung der im Laufe der Zeit träge und unflexibel gewordenen Prozesse, Arbeitsabläufe und Organisationsformen. Vieles dazu lässt sich unter den Stichwörtern „Arbeit 4.0" und „New Work" nachlesen. Das Motto „Haben wir schon immer so gemacht. Warum sollen wir das ändern?" passt nicht mehr und hindert daran, Unternehmen zukunftsfähig und nachhaltig aufzustellen. Warum aber eine Änderung in diesem Bereich oft so schwierig ist und wie man es dennoch schaffen kann, zeige ich in den folgenden Abschnitten.

Gewohnheiten ändern

„Der Mensch ist ein Gewohnheitstier." Dieser Spruch ist allgemein bekannt und ein treffliches Alibi, sich nicht bewegen oder irgendetwas verändern zu müssen. Unser Gehirn hat aufgrund von Lernerfahrungen – vor allem in den ersten Lebensjahren – bestimmte Verhaltensmuster ausgeprägt. Und diese neurologischen Trampelpfade nutzen wir tagtäglich und wollen sie auch ohne Not nicht verlassen. Dabei motivieren uns Anreize und schrecken uns Unbequemlichkeiten oder gar Ängste ab. Der sogenannte „innere Schweinehund" meldet sich dann auch schnell zu Wort und führt uns die Vorteile des bisherigen und die Nachteile eines etwaigen neuen Verhaltens vor Augen. Und nach „objektivem" Abwägen bleiben wir da, wo wir sind, und bei dem, was immer schon galt.

Dennoch kann es passieren, dass wir einer neuen Herausforderung begegnen. Wie wir schon gesehen haben, führt das kurzfristig zu Flucht oder Kampf. Aber wie ist das bei nachhaltiger Herausforderung (das Rauchen abgewöhnen, eine Diät machen, mehr Sport treiben etc.)? Jetzt gilt es, etwas zu verlernen bzw. etwas anderes neu zu lernen. Altes Verhalten soll durch eine neue Programmierung überschrieben werden. Das hat auch wieder mit Neugier und Nutzen zu tun. Was ist mein neues Ziel? Was reizt mich daran? Was bringt mir das? Es beginnt ein Prozess.

- **Die Bewertung der Herausforderung:** Ist wirklich eine Anpassung nötig oder kann ich das vielleicht doch mit den bisherigen Werkzeugen, Methoden und Verhaltensweisen bewältigen?
- **Die Definition eines neuen Ziels:** Was ist das neue Ziel? Was ist die neue Vorgehens- oder Verhaltensweise?
- **Die Entscheidung für ein neues Ziel:** Eine klare Absicht, sich auf den Weg machen zu wollen, liegt vor.
- **Schritt für Schritt durch neues Terrain:** Das richtige Tempo finden: zu schnell kann zum Sturz führen, zu langsam lässt den Prozess stocken oder scheitern.
- **Wissen, dass es mühsam sein wird:** Es wird definitiv Rückschläge geben auf dem Weg. Vielleicht müssen wir nachjustieren, die Landkarte tauschen, die Ausrüstung ergänzen.
- **Dranbleiben:** Der „innere Schweinehund" wird uns bei jedem Stolperstein, jedem Problemchen einflüstern: „Siehste! Es geht nicht. Habe ich dir doch gleich gesagt. Lieber wieder den alten Weg gehen. Da kennst du dich aus."
- **Ziel erreichen und freuen:** Ein inneres Fest feiern, weil das Ziel erreicht wurde, sich auf die Schulter klopfen, sich belohnen.

- **Wiederholen, wiederholen, wiederholen:** Ziel einmal erreicht, Spannung lässt nach. Und der „innere Schweinhund" wittert seine Chance: „Okay. Das hat geklappt. Aber das war bestimmt nur eine Ausnahme. Auf die Dauer ist das zu mühsam, zu aufwendig, zu teuer. Lass es lieber. Früher war doch besser." Nicht drauf hören. Stattdessen: Gleich noch einmal den Weg gehen. Und noch einmal …

Bis zur neurologischen Verankerung eines neuen Verhaltens braucht das Gehirn eine Reihe von Wiederholungen, bis es versteht: „Aha. Diese neue Verhaltensweise ist meinem Gehirnbesitzer wichtig. Also merken." Diese Manifestation funktioniert umso besser, wenn sie nicht nur von Erkenntnis und Notwendigkeit geprägt ist, sondern in der Verbindung von linker und rechter Hirnhälfte mit positiven Gefühlen (Erfolg), schönen Bildern (Party, Belohnung, Siegerpodest) und Erfahrungen (ich habe es geschafft) verbunden wird.

Modell eines Anpassungsprozesses

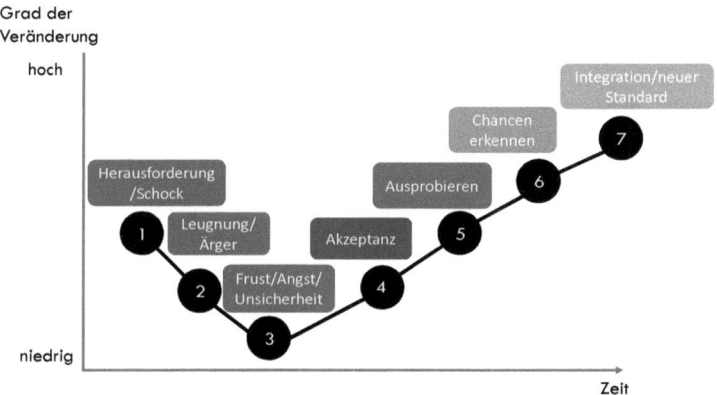

Grafik in Anlehnung an: Juhre, Ralf (2015). Ethisch Veränderungen herbeiführen. Hanau. Ingenior Verlag, S. 136.

„Schlechte Gewohnheiten sind wie ein bequemes Bett – man kommt leicht hinein und nur schwer wieder heraus!"

Sean Covey

Blockaden überwinden

Ich beginne mit einer kleinen Geschichte:

Versetzen wir uns mal in die Urgeschichte der Menschheit zurück. Da lief der Steinzeitler mit der Keule über der Schulter durch den Wald auf der Suche nach Beute für die Sippe in seiner Höhle. Plötzlich Bär voraus! Welche Handlungsoptionen hat unser Jäger nun? Analyse? Sich erinnern, was er so über Bären weiß? Eine Strategie entwickeln? Sicher nicht! Es gilt, keine Zeit zu verlieren, sonst hat der Bär sein Abendessen. Die Entscheidung ist: Kampf oder Flucht!

Diese Verhaltensweise ist in unserem Stammhirn verankert geblieben, auch wenn uns heute Bären eher als Weingummi in der Tüte begegnen. Flucht oder Kampf lässt unseren Körper aber über das Ausschütten von Adrenalin das Denken unterbrechen und Energie für „auf ihn mit Gebrüll" oder „Beine in die Hand nehmen" bereitstellen. Dieser Automatismus greift immer dann, wenn uns etwas Angst macht, neu oder ungewohnt ist, gefährlich erscheint usw. Also wird die Chefin oder Kollegin, die unseren Vorschlag als unbequem, ungewohnt oder bedrohlich empfindet, entweder flüchten: „Dafür habe ich jetzt keine Zeit" – „Darauf kommen wir später zurück" – „Schreiben Sie das mal auf" oder kämpfen: „Das geht so nicht" – „Das gehört nicht zu Ihren Aufgaben" – „Dafür bin ich nicht zuständig". Wie kommen Sie aber dennoch zum Zug?

Dazu benötigen wir die Strategie des „Doppel-N" und einen Besuch bei den Antilopen im Zoo: In einem wissenschaftlichen Experiment wurde ein Ballon in ein Antilopengehege geworfen. Entsprechend ihrer Art ergriffen die Tiere erst einmal die Flucht. Der Ballon war etwas Neues, Ungewöhnliches, Bedrohliches. Nach einer Zeit des Abwartens und Beobachtens kam eine Antilope mit Sondierungsauftrag näher, prüfte den Ballon von allen Seiten und stupste ihn mit dem Huf an. Außer dass der Ballon ein wenig zur Seite rollte, passierte nichts. Somit traute sich auch der Rest der Herde näher heran. Etwas später begann so eine Art von „Antilopen-Fußball". Der Ballon wurde hin und her gekickt, was den Tieren offensichtlich Spaß bereitete. Was führte letztlich zu Akzeptanz und Integration des vermeintlichen Neuen und Bedrohlichen? Erstens: N – wie Neugier! Zweitens: N – wie Nutzen. Da wollten die Antilopen doch wissen, was das da für ein Ding ist und was man damit machen kann.

Wie hilft uns diese nette Geschichte im (beruflichen) Alltag? Wenn Sie mit Ihrem Vorschlag, Ihrer Idee nicht in die Blockade laufen wollen, überlegen Sie sich, was Ihr Gegenüber neugierig machen könnte. „Herr Meier, wie wäre es, wenn wir unser Prozessergebnis um 5 Prozent verbessern könnten?" Auf die Frage „Wie soll das gehen?" können Sie nun Ihre Argumente, Zahlen und Fakten nennen. Außerdem haben Sie darüber nachgedacht, was für Ihr Gegenüber der Nutzen sein könnte (wie z.B. schnellerer Ablauf, weniger Aufwand, Kostenersparnis, Imagegewinn usw.). Damit ergibt sich die Chance, nun zu einem offenen und konstruktiven Dialog zu kommen. Überwinden Sie also das allseits beliebte „Begründungsdenken" („Das geht nicht, weil …") durch ein „Bedingungsdenken" („Unter welchen Bedingungen, Voraussetzungen könnte es funktionieren? Was müssen wir dafür tun? Wollen wir es nicht einfach mal ausprobieren?").

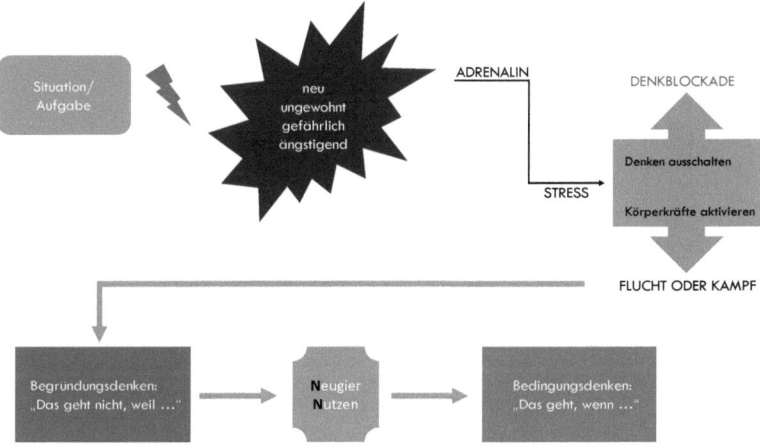

Wir benötigen also eine Neuausrichtung bei Kompetenzen, Denk- und Verhaltensweisen. Dazu gehören auch die drei Ts: *Transition* (Übergang, Veränderung), *Transformation* (Umgestaltung, Wandel) und *Transfer* (Umsetzung von Ideen). Dazu gehört auch eine ausgeprägte Vertrauenskultur, die das Ausprobieren fördert und auch Fehler – um daraus zu lernen – zulässt. Ferner gehört zur Anpassung ebenso die Abkehr von 100-Prozent-Lösungen. Perfektionismus hemmt Innovation und das Einstellen auf neue Situationen.

Und nun passen Sie sich mal schön an! Entschuldigung! Das klingt wie ein Zwang, eine unangenehme Aufgabe. Als wenn wir nicht so schon genug zu tun hätten! Sehen Sie diese Zeiten mit ihren Herausforderungen doch als große Chance, etwas zu gestalten und zu bewegen. Legen Sie die Angst vor der Zukunft ab, genauso Ihre Scheuklappen. Gehen Sie nicht zum Arzt, wenn Sie Visionen haben (Helmut Schmidt), sondern lassen Sie diese Wirklichkeit werden. Schauen Sie auf den Nutzen und die Wertschöpfung Ihrer Prozesse, beobachten und analysieren Sie Ihre Märkte und die gesellschaftlichen Entwicklungen. Seien Sie neugierig auf das, was kommt, und kreativ bei dem Weg in und durch unbekanntes Terrain. Viel Erfolg!

„Fantasie ist wichtiger als Wissen, denn Wissen ist begrenzt."

Albert Einstein

Literaturhinweise

Jürgen Nowoczin, Leadership Challenge – von den Herausforderungen an die Führungskraft der Zukunft, in: Werner Widuckel/Karl de Molina/Max J. Ringlstetter/Dieter Frey (Hrsg.): Arbeitskultur 2020, Wiesbaden, SpringerGabler 2015

ders., 30 Minuten Kollegiale Beratung, Offenbach, GABAL 2020

ders., Kollegiale Beratung – „digitagil", in: Impulse für digitale Arbeitswelten, Offenbach, Jünger 2021

Carl Naughton, AQ: Warum Anpassungsfähigkeit die wichtigste Zukunftskompetenz ist, Offenbach, GABAL 2022

Dennis Fischer, Future Work Skills, Offenbach, GABAL 2022

Andreas Schubiger, Wie Transfer gelingt, Bern, hep 2019

William Bridges, Susan Bridges, Managing Transitions, München, Vahlen 2018

Katrin Greßer, Renate Freisler, Ready for Transformation, Bonn, managerSeminare 2020

© privat

Dr. Ingeborg Osthoff

Nach ihrem Studium der Volkswirtschaftslehre promovierte sie 1996 und arbeitete bereits während der Promotion im Weiterbildungsbereich als Trainerin und Dozentin primär für kaufmännische Fächer.

Dr. Ingeborg Osthoff arbeitet seit 1996 als selbstständige Trainerin, Coach und Beraterin. Seit 2006 ist sie primär als Coach und Beraterin im Transfergeschäft tätig und hat erfolgreich eine Vielzahl von Transferprojekten begleitet. Neben zahlreichen kleinen und mittleren Unternehmen zähl(t)en auch bundesweite namenhafte Großunternehmen wie Miele in Gütersloh am Standort Ettlingen und Heidelberger Druckmaschinen AG am Standort Heidelberg zu ihren Kunden. Parallel zu ihrer beruflichen Tätigkeit hat sie am ZfuW in Kaiserslautern ein Studium im Bereich Personalentwicklung mit dem Titel „Master of Arts" erfolgreich abgeschlossen.

Dr. Ingeborg Osthoff ist Mitglied beim Bundesverband der mittelständischen Wirtschaft (BVMW) Region Gütersloh, Detmold und Paderborn, Gesellschaft für Schlüsselkompetenzen (GfS) sowie bei GABAL e.V. Von 2011 bis 2016 war sie Geschäftsführerin der Stiftung STUFEN zum Erfolg. Seit 2019 engagiert sie sich beim HederLab in Salzkotten. Das HederLab unterstützt Start-ups, die in erster Linie digitale Konzepte realisieren wollen. Außerdem engagiert sie sich seit Sommer 2014 als Stadträtin der Stadt Salzkotten für kommunalpolitische Belange.

Ausbildungen: systemische Coachingausbildung, Ausbildungen zum Resilienzcoach und zur Resilienztrainerin, Ausbildung als Kompetenztrainerin bei der SprachGUTAkademie von Sandra Mantz, kombinierte Gesundheits-Präventions- und Anti-Mobbing-Coachingausbildung beim Institut von Dr. Marlis Speis (2020). Sie gibt Seminare zu Themen wie „Resilienz" bei Institutionen und Privatkunden. Kooperationen bestehen mit der improwe GmbH und seit 2020 mit der Akademie von Dr. Marlis Speis.

inge.osthoff@web.de

Anpassungsfähigkeit und Transfergesellschaften

Die Anforderungen an große, mittlere und kleine Unternehmen und an die Mitarbeitenden sind in der heutigen Zeit äußerst komplex und schnelllebig. Für beide Seiten kann die Gründung einer Transfergesellschaft eine sozialverträgliche Lösung sein, um sich an die Veränderungsprozesse des Marktes anzupassen. Die Gründe für die Unternehmen können eine Insolvenz, Stilllegungen von Betriebsteilen und/oder Schließung ganzer Betriebe sein. Im folgenden Beitrag stehen die Transfermitarbeitenden im Mittelpunkt, für die der Anpassungsprozess sich u. U. schwierig gestaltet, aber erfolgreich abgeschlossen werden kann.

Zunächst möchte ich die Akteure für die Gründung einer Transfergesellschaft sowie kurz die (rechtlichen) Rahmenbedingungen, die für die Gründung einer Transfergesellschaft wichtig sind, skizzieren. Wie sich dann der Anpassungsprozess für den Transfermitarbeitenden vollzieht, soll an einem Praxisbeispiel aufgezeigt werden.

Akteure im Rahmen einer Transfergesellschaft

(1) Das abgebende Unternehmen.

(2) Die Mitarbeitenden des Unternehmens, die in einer Transfergesellschaft wechseln.

(3) Die Transferanbieter.

(4) Die Arbeitsagenturen.

(5) Die Arbeitgeberverbände.

(6) Die Gewerkschaften.

(7) Die Rechtsanwält*innen.

(8) Die Betriebsrät*innen.

(9) Die Weiterbildungsträger.

(10) Die Kammern wie die IHK und HWK.

(11) Regionalagenturen.

(12) In NRW die G.I.B. (Gesellschaft für innovative Beschäftigungsförderung).

Im Transferbereich sind das Knüpfen von Beziehungen zu den einzelnen Akteuren sowie die Pflege dieses Netzwerkes und der regelmäßige Austausch mit allen Beteiligten das A und O, um Transfergesellschaften erfolgreich zum Abschluss zu bringen.

Rechtliche Grundlagen für die Gründung einer Transfergesellschaft

In den § 110 SBG III sind die Voraussetzungen für die Gründung einer **Transferagentur** bzw. in § 111 SGB III für die Gründung einer **Transfergesellschaft** für große, mittlere und kleine Unternehmen beschrieben.

Auf der Basis eines Sozialplans wird eine Transfergesellschaft gegründet und entsprechend ausgestattet. Zur Ausstattung gehören in der Regel die finanzielle Absicherung des Transfermitarbeitenden (Transferkurzarbeitergeld durch die Arbeitsagentur sowie ein Aufstockungsbetrag durch das abgebende Unternehmen), finanzielle Mittel für Weiterbildungen, wobei sich bei Vorliegen entsprechender Voraussetzungen die Arbeitsagenturen an den Kosten beteiligen, sowie ggf. die Bereitstellung eines Härtefonds.

Festgelegt wird auch eine sog. Sprinterprämie, die als finanzieller Anreiz dienen soll, lange vor Ende der Transferlaufzeit eine neue Arbeit aufzunehmen.

Die Laufzeit einer Transfergesellschaft beträgt maximal 12 Monate. In der Regel wird für die Transferlaufzeit die individuelle Kündigungsfrist zugrunde gelegt, die mal 2 gerechnet wird. Die längste Kündigungsfrist beträgt dabei 7 Monate, wobei eben die Laufzeit auf 12 Monate gedeckelt ist. Im Einzelfall sind individuelle Vereinbarungen möglich.

Die Vertragsparteien – abgebendes Unternehmen, Mitarbeitende des Unternehmens sowie der Transfermitarbeitende – schließen einen sog. 3-Parteien-Vertrag, wobei der zukünftige Transfermitarbeitende mit dem abgebenden Unternehmen (sprich alter Arbeitgeber) einen Aufhebungsvertrag und mit dem Transferanbieter (sprich neuer Arbeitgeber) einen befristeten Arbeitsvertrag schließt,

Ziele einer Transfergesellschaft

(1) Berufliche Neuorientierung.

(2) Professionelle Beratung.

(3) Finanzielle Absicherung.

Das sind die Kernziele, die am Ende entscheidend für den erfolgreichen Abschluss einer Transfergesellschaft stehen. Dabei ist der Verlauf einer Transfergesellschaft durch das Erreichen mehrerer Etappenziele gekennzeichnet.

Beratungszyklus vor und innerhalb der Transferlaufzeit

Der Beratungszyklus ist das wichtigste Tool vor, während und nach der individuellen Transferlaufzeit. Je nach Typus des Transfermitarbeitenden benötigen einige Transfermitarbeitende zumindest eine intensivere Begleitung; anderen reicht der normale Beratungsrhythmus einmal pro Monat sowie ein Workshop einmal pro Monat aus. Wenn es eine Priorisierung gibt, dann sieht diese folgendermaßen aus: Ganz oben steht die Vermittlung in eine neue Stelle. Viele Transfermitarbeitende nutzen die Chance, sich über Probearbeitstage oder Praktika einen Einblick in das betriebliche Geschehen zu verschaffen. Ganz oft liegt der Fall vor, dass Mitarbeitende 20, 30 und mehr Jahre in einem Unternehmen beschäftigt waren. Sie wissen dann nicht, wie das Arbeitsleben in einem anderen Unternehmen aussieht.

Sehr oft sind mehr oder weniger langfristige Qualifizierungen notwendig, sodass dieser Bereich eine ganz wichtige Rolle spielt, damit sich die Transfermitarbeitenden auf dem Arbeitsmarkt besser bzw. neu positionieren können. In seltenen Fällen kann eine Kombination aus Qualifizierungen und Probearbeitstagen/Praktika zielführend sein. Die Königsdisziplin ist die berufliche Neuorientierung. Was Menschen ohne Berufsabschluss ermöglicht werden kann, ist die sog. Externenprüfung bei der IHK bzw. der HWK. Durch passgenaue Qualifizierungen und Probearbeitstage erarbeiten sich die Transfermitarbeitenden eine völlig neue Perspektive auf dem Arbeitsmarkt.

(1) Orientierung

- Berufliche Orientierung
- Einzelberatung
- Profilingworkshop

(2) Stärkung

- Bewerbungstraining
- Kommunikationstraining
- Themenworkshops
- Fachliche Qualifizierung

(3) Aktivierung

- Bewerbungskampagne
- Individuelle Vor- und Nachbereitung von Vorstellungsgesprächen
- Praktikum / Probearbeitstage

(4) Stabilisierung

- Arbeitsvertrag und Ruhendstellung
- Coaching in und on the Job
- Nachbetreuung

Aktivitäten während der Transferlaufzeit

Während der Transferlaufzeit und ggf. im Anschluss an die Transferlaufzeit treffen sich die folgenden Akteure bei sog. Beiratssitzungen bzw. Steuerkreisen, um sich regelmäßig zum Vermittlungsstand und zum Stand der Qualifizierungen auszutauschen:

(1) Das abgebende Unternehmen.

(2) Die Transferanbieter und der projektverantwortliche Coach.

(3) Die Arbeitsagenturen.

(4) Die Betriebsräte.

(5) Regionalagenturen.

(6) In NRW die G.I.B. (Gesellschaft für innovative Beschäftigungsförderung).

Ein Beispiel aus der Praxis

Im Folgenden möchte ich den Anpassungsprozess eines Transfermitarbeiters an die veränderten Rahmenbedingungen skizzieren. Der zukünftige Transfermitarbeiter – nennen wir ihn Otto Schmidt – kam stark verunsichert zum Profilingworkshop, der, wie gesetzlich vorgeschrieben, vor dem Start der Transfergesellschaft stattfand. Während des Seminars und vor allem im Einzelgespräch stellte er sich immer wieder die Frage, ob er die richtige Entscheidung getroffen hatte, indem er sich für die Option Transfergesellschaft entschieden hatte. Otto Schmidt war zu diesem Zeitpunkt 58 Jahre alt, verheiratet und hatte erwachsene Kinder. Er hatte über 35 Jahre in dem Unternehmen als Produktionsmitarbeiter gearbeitet. Vor dieser guten bezahlten Tätigkeit hatte er eine Ausbildung als Zimmermann absolviert und in diesem Beruf auch einige Jahre gearbeitet.

Was er nicht mehr wollte, war die körperlich schwere Arbeit und die Arbeit im 4-Schicht-System. Zudem wurde im abgebenden Unternehmen auch an allen Wochenenden sowie an allen Feiertagen gearbeitet. Herr Schmidt war sehr dankbar, dass er in mir eine professionelle Begleitung und Unterstützung hatte, die ihn durch diesen für ihn heiklen Prozess begleitete und unterstützte. Das gab ihm Sicherheit. Damit war die Phase der **Orientierung** abgeschlossen.

Dann kam der offizielle Startbeginn der Transfergesellschaft. Ich merkte Otto Schmidt an, dass er schon ein paar Wochen frei gehabt hatte. Er wirkte nicht mehr so angespannt und es hatte ihm sichtlich gutgetan, dass er keine Nachtschichten mehr machen musste. Dadurch hatte er sich schon wieder einen besseren Schlafrhythmus angeeignet. Diesen Eindruck bestätigte er mir in den „Flurgesprächen" während des Seminars auch selbst. Nun stand die Phase der **Stärkung** an. Im Bewerbungstraining stellten wir zunächst die Bewerbungsunterlagen (Deckblatt, Anschreiben, Lebenslauf mit Bewerbungsfoto sowie Angaben zu seiner beruflichen Tätigkeit und Arbeitszeugnisse) zusammen, sodass Herr Schmidt bewerbungsfähig wurde. Durch das Kommunikationstraining, das hauptsächlich aus dem Einüben von Antworten auf mögliche Fragen im Vorstellungsgespräch bestand, gewann er weiterhin an Sicherheit und Stabilität. In den monatlichen Beratungsgesprächen und bei einigen Telefonaten zwischendurch befand sich Herr Schmidt aber immer noch sozusagen „auf der Überholspur". Vor allem bewegte ihn konstant die

Frage: „Bekomme ich in meinem Alter noch eine Chance auf dem Arbeitsmarkt?" Ich setzte ihn dann erst einmal „auf die Standspur" und wir bogen bildlich gesprochen auf einen Rastplatz ein und besprachen in aller Ruhe die verbleibenden Möglichkeiten auf eine Arbeitsaufnahme. Während eines Beratungsgesprächs, das ich bewusst mit einem langen Spaziergang verband, kam dann die Idee auf, dass er die Möglichkeiten und Chancen ausloten wollte, die mit einer Tätigkeit als Hausmeister verbunden waren.

Dazu gehörte in der Phase der **Aktivierung** eine passgenaue Qualifizierung im Bereich Elektro. Herr Schmidt hatte eine handwerkliche Ausbildung, und mit dieser vorgenannten Qualifizierung kam eine Tätigkeit als Hausmeister auf jeden Fall in Betracht. Dies hatte ich während meiner Zeit als Transfercoach schon mehrfach erfolgreich mit den Transfermitarbeitenden realisiert. Obwohl Herr Schmidt sehr skeptisch war, ob er überhaupt die Qualifizierung schaffen würde, kämpfte er sich im wahrsten Sinne des Wortes durch den sehr komplexen Sachverhalt. Mit Recht war er sehr zufrieden, dass er diese anspruchsvolle Qualifizierung mit Bravour gemeistert hatte. Voller Stolz kam er mit seinem Zertifikat zum nächsten Beratungsgespräch. Sein Selbstbewusstsein war durch die Qualifizierung sichtlich gestärkt worden. Zwei Bewerbungen und ein jeweils daraus resultierender Probearbeitstag taten dann ein Übriges.

Herr Schmidt entschied sich dann für eine Stelle als Hausmeister direkt in seiner Stadt. Sicherlich war der Verdienst bei dieser Stelle geringer, doch er gewann sichtlich an Lebensqualität. Tagschicht von 6.30 bis 15 Uhr, alle Wochenenden und Feiertage frei und er konnte zu Fuß zu seinem Arbeitsplatz gehen. Angesichts der heutigen Spritpreise ein nicht zu unterschätzender finanzieller Vorteil.

Nach nur 9 Monaten hatte sich Herr Schmidt eine komplett andere berufliche Perspektive erarbeitet – mit einer passgenauen Qualifizierung und nur einem Probearbeitstag war er nach 9 von 12 Monaten Transferlaufzeit wieder in einer sozialversicherungspflichtigen Beschäftigung. Herr Schmidt stellte dann noch zur Sicherheit sein Beschäftigungsverhältnis mit dem Transfanbieter ruhend. So war die Probezeit abgesichert. Wenn alle „Stricke gerissen wären", hätte er für die Dauer der Transferlaufzeit wieder in die Transfergesellschaft zurückwechseln können. Damit war die Phase der **Stabilisierung** abgeschlossen.

Dieses Beispiel zeigt mehr als deutlich, wie ein erfolgreicher Anpassungsprozess für einen Transfermitarbeitenden gelingen kann. Wenn mein ehemaliger Transfermitarbeiter mir dann eine Nachricht schreibt und mir „Grüße von Hausmeister Krause" ausrichtet – dann kann das Kompliment nicht schöner sein. Ich denke dann immer: Alles richtig gemacht!

© Elisabeth Pfahler-Scharf

Jutta Pelzer

Jutta Pelzer verfügt über jahrelange Berufserfahrungen in Einzelunternehmen, Mittelstand, und war 25 Jahre in einem Großkonzern tätig. Als gelernte Industriekauffrau und Personalfachkauffrau hat sie Abteilungen in Vertrieb, Werk, Stammhaus und Personalabteilung durchlaufen und war selbst 15 Jahre Führungskraft im Vertrieb und in der Personalberatung und -entwicklung.

In dieser Zeit hat sie diverse Organisationsänderungen begleitet sowie Softwareeinführungen incl. Prozessanpassungen geleitet. Als Führungskraft und in der Zeit in der Personalabteilung konnte sie erleben, was Restrukturierungen für Menschen bedeuten. Dabei hat sie erfahren, wie wichtig es ist, persönliche Gespräche zu führen, und wie die Stärkung der Persönlichkeit unterstützt, neue Wege und Ziele zu finden. Ebenso kann es Angst und auch Hoffnung machen, in eine andere Einheit ein- oder ausgegliedert zu werden. Eine menschliche und individuelle Begleitung der Mitarbeiter und Führungskräfte ist hierbei notwendig, um die vorhandenen Potenziale zu erkennen und zu stärken.

Durch ihre hohe und aktuelle Methodenkompetenz, wie z.B. agile Methoden, ermöglicht sie im Coaching und in Workshops erfahrungsorientiertes Lernen, um Teilnehmenden den Zugang zur Reflexion, zu klarem Denken, Kommunikation, Erlebnis und Erfahrungen zu ermöglichen.

www.jutta-pelzer.de

Agiles Führen – Führung im Wandel

„Wir können den Wind nicht ändern, aber die Segel anders setzen" – dieses Zitat von Aristoteles beschreibt recht gut die aktuelle Situation im Arbeitsumfeld. Unsere Situation hat sich in vielen Unternehmen in den letzten Jahren stark verändert. Treiber dieser Veränderungen sind z. B. technische Innovationen, Digitalisierung, Globalisierung und Interessen sowie Persönlichkeitsentwicklungen der Mitarbeitenden, wodurch unsere Systeme immer komplexer geworden sind. Aus meiner Sicht können wir hier mit hierarchischen Strukturen in Unternehmen, auch „Wasserfallorganisationen" genannt, nicht immer flexibel und zielorientiert agieren. Spätestens jetzt müssen wir anfangen, die Ressourcen zu nutzen, die wir in unseren Unternehmen haben, und das sind eine Menge. Wir sollten Potenziale erkennen und freisetzen. Dabei können uns eine agile Haltung und auch agile Methoden unterstützen.

Diese agile Haltung zu haben, zu lernen, was das für uns und unsere Mitarbeitenden bedeutet, ist nicht in einem 2-Tage-Seminar zu bekommen. Dies ist ein Prozess, den wir alle durchlaufen müssen und der sich ständig weiterentwickelt. Das ist auch gut so, damit wir ständig dazulernen und uns damit an die aktuelle Situation anpassen können. Adaptability heißt nicht, sich zu tarnen und unsichtbar zu werden. Im Gegenteil, hier gilt es, die Vielseitigkeit von uns Menschen zu entdecken und an den richtigen Stellen einzusetzen.

Wie oft haben wir erlebt, dass die beste Fachkraft zur Führungskraft ernannt wurde. Man musste ihr ja nach so langer Zeit und guter Arbeit etwas bieten. Das sind aus meiner Erfahrung zu 80 % die schlechtesten Führungskräfte. Sie selbst sind unglücklich in der Rolle, weil sie sich in ihrem Fachgebiet viel wohler fühlen als bei Konfliktgesprächen oder anderen administrativen Aufgaben einer Führungskraft. Deren Mitarbeitende wiederum fühlen sich oft nicht gesehen, weil sie z. B. keine eigenen Ideen einbringen können. Sie kündigen innerlich, und oftmals verlassen sie früher oder später das Unternehmen.

Das ist genau der Hebel, an dem ich ansetzen möchte. Wenn wir gute und engagierte Mitarbeitende im Unternehmen haben wollen, so müssen auch wir als Unternehmen gut und engagiert sein. Das bedeutet, sich auf die aktuelle Markt- und Lebenssituation anzupassen. Wenn wir als

Arbeitgeber ausstrahlen, flexibel, jung, innovativ und zuverlässig zu sein, werden wir auch die passenden Mitarbeitenden finden. Dazu müssen wir dies jedoch auch selbst leben. Es braucht Zeit, diese Haltung und Kultur in einem Unternehmen zu etablieren, und wir lernen hier nie aus. Wenn wir uns mit Geschäftsführern und Mitarbeitenden unterhalten, die bereits angefangen haben, komplexe Themen im Unternehmen mit agiler Haltung und entsprechenden Methoden anzugehen, so habe ich die Erfahrung gemacht, dass immer wieder die Aussage kommt, dass das Management hier 100 % dazu stehen muss, um die neue Kultur zu etablieren. Dabei erlebe ich viele Führungskräfte, die Angst haben, ihre Aufgabe und Verantwortung und vielleicht auch ihre Macht zu verlieren. Diese Sorge können wir ihnen nehmen, denn sie werden weiterhin als wichtige Mitarbeitende des Unternehmens gebraucht. Die Rolle wird sich ändern und sie werden nicht mehr allein entscheiden, wo es langgeht. Aber aus meiner Erfahrung kommen wir dem Begriff „Führen" hiermit viel näher. Viele Führungskräfte erkennen, dass dies vielmehr dem ursprünglichen Wunsch entspricht, weshalb sie einmal Führungskraft werden wollten.

Und auch viele Mitarbeitende haben den Wunsch, dass sich die Führungskräfte der neuen Situation anpassen und somit auch die Mitarbeitenden sich mit ihrer Arbeit anpassen können. Es gibt keine Blaupause, wie dies gelingen kann, vielmehr ist hier unsere Anpassungsfähigkeit gefragt. Ich habe neulich mit einem Projektleiter eines Unternehmens gesprochen, der mir sagte, er wünsche sich, dass die Führungskräfte ihre Methodik änderten. Sie arbeiteten oft noch so wie vor 100 Jahren. Sein Wunsch wäre, dass sich die Führungskräfte überlegten, wie sie ihre Mitarbeitenden miteinbeziehen könnten, sich selbst und auch die Mitarbeitenden wieder aktivieren, selbstverantwortlich zu arbeiten. Außerdem hoffe er, dass Führungskräfte erkennen würden, dass sie nicht alles selbst lösen müssen, sondern dass sie das Wissen der Fachleute in den Organisationen innerhalb des Unternehmens nutzen können. Sie sollten Vorgehensweisen lernen, Lösungen zu suchen, und eine entsprechende Haltung einnehmen, um sich z.B. in einer neuen Rolle als Coach zu sehen. Die Mitarbeitenden wollten selbstorganisiert arbeiten und nicht mehr top-down gesteuert werden. Das war wirklich emotional und hat mich dazu angetrieben, weiter darüber nachzudenken, was dies für Führungskräfte bedeuten kann. Gemeinsam zu schauen: Was läuft heute schon gut und was wollen wir beibehalten? Und was wollen wir unbedingt anders machen, damit wir unsere Ziele erreichen?

Wie kann uns hier agiles Führen unterstützen und was bedeutet das überhaupt?

Die meisten wissen, dass „agil" aus dem IT-Umfeld kommt, und viele haben auch schon einmal gehört, dass es ein agiles Manifest gibt. Doch was ist der Inhalt?

Manifest für agile Softwareentwicklung:

Die Grundlage für modernes Arbeiten: „Wir erschließen bessere Wege, Software zu entwickeln, indem wir es selbst tun und anderen dabei helfen. Durch diese Tätigkeit haben wir diese Werte zu schätzen gelernt:

- **Individuen und Interaktionen** stehen über Prozessen und Werkzeugen
- **Funktionierende Software** steht über einer umfassenden Dokumentation
- **Zusammenarbeit mit dem Kunden** steht über der Vertragsverhandlung
- **Reagieren auf Veränderung** steht über dem Befolgen eines Plans. Das heißt, obwohl wir die Werte auf der rechten Seite wichtig finden, schätzen wir die Werte auf der linken Seite höher ein."[1]

Hier wird deutlich, welche Werte wichtig sind und nicht verletzt werden dürfen. Was heißt dies nun übertragen auf die Führung, die ja auch angepasst werden sollte, wenn wir in Unternehmen Agilität fördern wollen? Aus meiner Sicht sind das Werte, die viele Führungskräfte bereits kennen und auch schon leben. Es gilt dabei, sich diese Werte wieder bewusst zu machen. Ansonsten müssen solche Kompetenzen weiter ausgebaut oder hinzugelernt werden.

Zum ersten Punkt: In der Führung ist es wichtig, die Menschen als Individuen mit ihren Stärken zu kennen und erkennen. Damit sollen die Potenziale entdeckt und entsprechend eingesetzt werden können. Und bei der Zusammenstellung eines Teams ist es ratsam, immer wieder daran zu denken, viele verschiedene Personen mit unterschiedlichen Stärken einzusetzen, um eine größtmögliche Abdeckung von Potenzialen im Team zu erhalten. So kann eine Zusammenarbeit mit Erfolg gelingen. Die Aufgabe als Führungskraft ist hierbei, entsprechend zu handeln und zu fördern.

---

1 https://agilemanifesto.org/iso/de/manifesto.html

Auch wenn es Reibungen gibt, so zeigt die Erfahrung, dass sich hier die besten Erfolge einstellen.

Für den zweiten Punkt fällt mir ein, dass wir ein neues Rollenverständnis in der Führung benötigen. Oft sind Mitarbeitende in ihrem Tagesgeschäft sehr engagiert und kundenorientiert unterwegs. Wenn dann eine Führungskraft spontan irgendwelche Folien haben möchte, weil eine wichtige interne Besprechung ansteht, kann das so manchen Mitarbeitenden kurzzeitig aus der Bahn werfen und nach dem Sinn fragen lassen. Oder es sollen Checklisten ausgefüllt werden, deren Sinn schon lange niemand mehr versteht und die vor lauter Arbeit nicht hinterfragt werden. Die Aufgabe der Führung ist hier, zu schauen: Wie können alle gut arbeiten, was hindert sie daran, was behindert sie und was kann ggf. weggelassen werden, weil es nicht mehr gebraucht wird? Hier den Überblick zu haben und zu erkennen, welche Hürden aus dem Weg geräumt werden müssen, ist ein wichtiger Teil der neuen Rolle. Ebenso natürlich, die Mitarbeitenden dabei zu unterstützen, Lösungen für ihre Themen zu finden, und ihnen die notwendigen Freiräume zu schaffen, um eigenverantwortlich ans Ziel zu kommen.

Der dritte Punkt gefällt mir besonders gut, denn dies ist für mich einer der Schlüssel für gelungene Führung. Eine gute Beziehung zu meinen Mitmenschen aufzubauen, zu Kunden, zu Mitarbeitenden, zu Kolleg*innen, ist eine der wichtigsten Aufgaben. Denn nur, wenn wir uns auf der Beziehungsebene verstehen und einschätzen können, werden wir Stärken und Potenziale entdecken. Wir brauchen Vertrauen und emotionale Bindung. Laut der Gallup Studie von 2020 werden 70 % der emotionalen Bindung zu Mitarbeitenden direkt von der Führungskraft beeinflusst, direkt oder indirekt. Es gibt keine Agilität ohne diese Teamleads und die emotionale Mitarbeiter-Bindung.[2] Und besonders gefällt mir, dass dabei auch immer unsere Kund*innen im zentralen Mittelpunkt stehen, mit denen wir eine besondere Beziehung eingehen wollen. Diese werden spüren, wenn unsere Mitarbeitenden zufrieden sind, Vertrauen haben und ihren Sinn in ihrer Arbeit gefunden haben. Das wirkt sich unmittelbar auf das Umfeld aus.

---

2 https://www.gallup.com/de/gallup-deutschland.aspx

Der letzte Punkt „Reagieren auf Veränderung" ist wohl der wichtigste einer jeden Führungskraft. Natürlich gilt das für uns alle, und doch stellt es Führungskräfte oft vor Herausforderungen. Werte und Rollen verändern sich, wir müssen uns also anpassen, um „überlebensfähig" zu bleiben. Wie in der Natur geht das nicht von heute auf morgen, sondern braucht Zeit und Mut. Hier in kleinen Schritten vorzugehen, ist eines der Erfolgsrezepte. Sich vom Perfektionismus zu lösen und auch Dinge auszuprobieren, ohne sicher zu sein, dass sie funktionieren, ist einer der Punkte. Und auch die Ergebnisse hieraus zu nehmen und weiter zu lernen. Fehler dankend anzunehmen und sie nicht als „Versagen" zu sehen, ist hierbei sicher einer der größten Hebel und bedeutet Anpassung an die neuen Anforderungen, die uns in der Arbeitswelt begegnen.

Leitgedanken, um mehr Agilität in der Führung zu fördern, abgeleitet aus dem agilen Manifest:

Agiles Manifest aus dem IT-Umfeld	Leitgedanken agile Führung
Individuen und Interaktionen stehen über Prozessen und Werkzeugen	Jeder einzelne Mensch ist individuell und wichtig. Die Zusammenarbeit und Interaktionen stehen im Vordergrund und wirken zusammen. Es ist wichtig, die Potentiale und Stärken zu erkennen, um agil zu führen.
Funktionierende Software steht über einer umfassenden Dokumentation	Um ein Agiles Mindset zu erhalten, benötigen wir ein Verständnis zu Werten und Prinzipien. Daraus können neue Rollen abgeleitet werden und notwendige Kompetenzen aufgebaut werden.
Zusammenarbeit mit dem Kunden steht über der Vertragsverhandlung	Wenn wir agil mit unserem Kunden arbeiten, dann entwickeln wir uns gemeinsam weiter. Das heißt, dass wir eine gute Beziehungsebene dafür schaffen müssen. Der Kunde ist so in den Entwicklungsprozess mit eingebunden.
Reagieren auf Veränderung steht über dem Befolgen eines Plans	Veränderungen willkommen heißen, braucht Vertrauen und Stabilität. Agil damit umzugehen, braucht Mut und Übung.

Wie wichtig sind Werte?

Zu diesen Grundsätzen gibt es des Weiteren noch 8 Werte der Agilität, welche von Prinzipien begleitet werden, die gewisse Handlungen nach sich ziehen, um gelebt zu werden.

Werte sind für uns Orientierungen, nach denen wir uns ausrichten und leben. Oft sind sie noch unbewusst. Wenn wir unsere persönlichen Werte kennen, so können sie uns helfen, die Ziele in unserem Leben zu erkennen, die uns weiterbringen und uns eine Orientierung geben. Ebenso können sie uns auch dabei helfen, Menschen zu finden, die ähnliche Wertevorstellungen haben, mit denen wir interagieren. Werte sind im Laufe unseres Lebens veränderbar. Und das ist für unsere Organisationen und auch Teams notwendig, um sich auf gemeinsame Werte zu einigen. Nur so kann ich mich auch als Führungskraft entsprechend anpassen, um diese Werte zu leben. Wie Claudia Thonet und Svenja Hofert in ihrem Buch „Der agile Kulturwandel" schreiben: „Entscheidungen zeigen Werte und Werte prägen die Kultur."[3]

Somit ist es erst einmal wichtig, sich über die persönlichen Werte und die der Organisation klar zu werden, um hier neue Ziele festzulegen. Nur so kann ein gemeinsamer Schritt in die Zukunft gelingen und sich eine neue Kultur und Haltung entwickeln. Ein gemeinsamer Workshop zum Beispiel bringt Klarheit über die Werte und Prinzipien, aus denen sich dann Maßnahmen ableiten lassen, woran wir erkennen, dass die Werte auch gelebt werden.

Und wie muss Führung weiter angepasst werden? Was spielt hier Agilität für eine Rolle? Das beschreiben die beiden Autorinnen in ihrem Buch in einem Satz: „Was diese neue Arbeitswelt kennzeichnet, ist Speed, Kooperation, Freiraum, Flexibilität und eine neue Menschlichkeit, auch in Abgrenzung zur künstlichen Intelligenz."[4] Für uns heißt das, dass wir immer zuerst einmal eine Bestandsaufnahme von uns und unserer Organisation machen sollten. Wo stehen wir heute und wo wollen wir hin? Das braucht Offenheit und Mut, um dann die Themen in kleinen Schritten anzugehen, um sich weiterzuentwickeln.

Reflexion – Dualität der Agilität

Ein nächster Schritt ist, als Führungskraft zu reflektieren: Was ist mir in der Vergangenheit gut gelungen, was möchte ich gerne lernen bzw. welche Kompetenzen muss ich noch erlangen und was fällt mir schwer?

---

3 Hofert / Thonet, Der agile Kulturwandel, S. 2.

4 Hofert / Thonet, Der agile Kulturwandel, S. 3.

Die Antworten darauf helfen, die innere Stärke zu erkennen, die eigenen Ressourcen im Blick zu behalten und damit die persönliche Widerstandsfähigkeit zu erkennen, um gesund zu bleiben.

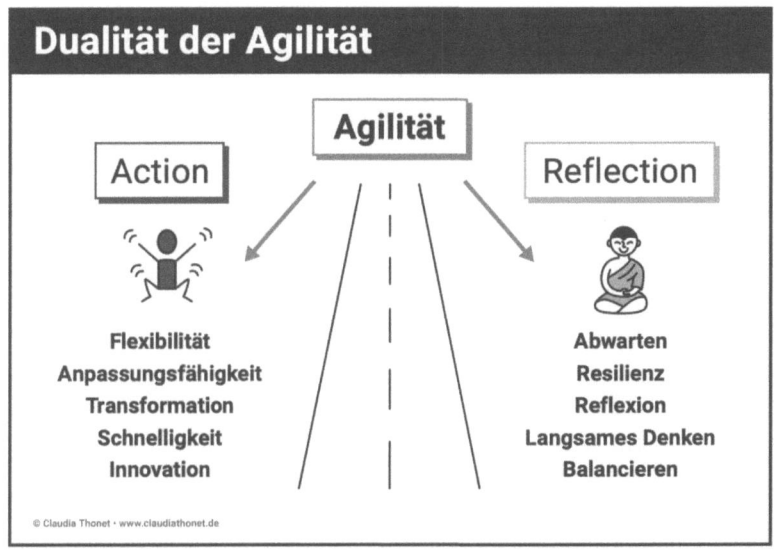

Ich bin davon überzeugt, dass Sie nur dann Verantwortung als Führungskraft übernehmen können, wenn Sie für sich selbst Verantwortung übernehmen. Heutzutage sprechen wir von „Selbstführung". Dann zu erkennen, welche Haltung und Denkweise wir selbst haben, wird zum Schlüsselfaktor.

Die These von Carol Dweck ist, dass unser Selbstbild durch das zugrunde liegende Mindset geprägt ist. Sie unterscheidet zwischen Fixed und Growth Mindset, und dies bedeutet für eine Führungskraft zu erkennen, in welchen Bereichen sie starre Einstellungen hat und wo es ihr leichtfällt, mit einer flexiblen und offenen Haltung zu agieren. Denn im agilen Umfeld sind die Fähigkeiten, sich flexibel auf sich immer wieder verändernde Situationen anzupassen, sehr hilfreich, um nicht zu sagen notwendig. Hier kann es sinnvoll sein, sich eine Person des Vertrauens oder einen Coach zu nehmen, mit dem ich meine Haltung reflektieren kann.

Katharina Maehrlein definiert in ihrem Buch „Wie Agilität gelingt": „Ein agiles Mindset ist beweglich und passt sich ständig an die jeweils aktuellen Bedingungen an, indem es aus Erfahrungen lernt. Menschen mit einem agilen Mindset stellen sich Herausforderungen, handeln von Moment zu Moment, überprüfen kleinschrittig die Folgen ihrer Handlungen, lernen daraus und verändern ihr Verhalten entsprechend."[5]

Folgende Fragen zu beantworten kann uns dabei helfen, unsere Haltung zu verstehen und zu schärfen, sodass wir auch klar gegenüber unseren Mitarbeitenden sind. Einige Dinge machen wir heute schon. Manche auch nur in Teilen. Unsere Handlungen sind uns nicht immer bewusst und schon gar nicht, dass diese zu einer agilen Haltung gehören können.

Ich als agile Führungskraft

- Welche Rahmenbedingungen gibt es für mich als Führungskraft im Bezug auf unser Team und unsere Kunden?
- Welche Werte hat das Unternehmen, welche Werte habe ich und nach welchen Prinzipien will ich handeln?
- Haben wir eine Vision?
- Was sind unsere Ziele?
- Sind alle Rollen im Unternehmen klar?
- Welche Ergebnisse brauchen wir und wie erkennen wir diese?
- Welche Hilfsmittel benötigen wir?
- Wie wollen wir Entscheidungen treffen?
- Welcher Nutzen entsteht durch unsere Arbeit?
- Was brauchen wir noch?

Agilität ist sicher nicht das Allheilmittel und sollte auch nicht mit der Brechstange auf die Organisation gestülpt werden. Es lohnt sich aber, zu schauen, in welchem Bereich es Sinn machen kann, darüber nachzudenken. Es ist immer sinnvoll, mit einem kleinen Bereich oder einem Projekt zu starten und zu schauen, was gut funktioniert und was man besser machen kann und welche Teile sich auf weitere Bereiche des Unternehmens übertragen lassen. Wenn diese sogenannten „Leuchtturmprojekte" gelingen, wird die Begeisterung der Mitarbeitenden zu spüren sein,

---

5 Maehrlein, Wie Agilität gelingt, S. 108.

und oft genug springt diese dann auch auf andere Bereiche über. Diese werden neugierig und wagen auch den Schritt, in die Agilität und in eine erfolgreiche Zukunft.

Quellen

Manifest für agile Softwareentwicklung: https://agilemanifesto.org/iso/de/manifesto.html

Gallup, Inc.: Webinar „Agil durch das Corona-Chaos – Was machen erfolgreiche Unternehmen anders?", https://www.gallup.com/de/gallup-deutschland.aspx, https://event.on24.com/eventRegistration/EventLobbyServlet?target=reg20.jsp&referrer=&eventid=2363834&sessionid=1&key=4D6DA3985D117B270F420E5FA969FC19&regTag=&sourcepage=register&utm_source=link_wwwv9&utm_campaign=item_321905&utm_medium=copy [8.4.2022]

Dweck, Carol: Mindset: Changing The Way You think To Fulfil Your Potential, Robinson, Updated Edition 2017

Hofert, Svenja; Thonet, Claudia: Der agile Kulturwandel, SpringerGabler 2019

Maehrlein, Katharina: Wie Agilität gelingt, GABAL 2020

© Robert Jahn

Ines Schulz-Bücher

Ines Schulz-Bücher studierte Asien- und Kommunikationswissenschaften an der Humboldt-Universität zu Berlin. Im Aufbaustudium „Weiterbildungsmanagement" an der TU zu Berlin erwarb sie fundierte Kenntnisse u.a. in Psychologie, Coaching, Supervision und Mediation sowie Betriebswirtschaftslehre.

Seit 1996 arbeitet sie leidenschaftlich als freiberufliche Personal- und Organisationsentwicklerin, Coach und Trainerin. Ihre Schwerpunkte sind: Führung, Personal- und Teamentwicklung, Change- und Innovations- sowie Projektmanagement. Schulz-Bücher arbeitet branchenübergreifend mit Selbstständigen, Führungskräften und Teams aller Ebenen und Unternehmensgrößen zusammen. Ihre Klienten schätzen ihre ganzheitliche, analytische und lösungsorientierte Herangehensweise. Sie hat verschiedene Lehraufträge, u.a. an der Hochschule für Wirtschaft und Recht.

Schulz-Büchers Kompetenzen basieren auf langjähriger Führungserfahrung als Professional Congress Organizer und Projektmanagerin in der Eventbranche, als Director of Sales eines Tagungs- und Ferienhotels, als Projektleiterin im Non-Profit-Bereich sowie als Vorstandsvorsitzende eines Bildungsvereins. Internationale Berufspraxis sammelte sie als Laotisch-Dolmetscherin, Pressereferentin in der Botschaft New Delhi sowie an der Deutsch-Thailändischen Handelskammer in Bangkok. Sie ist Mitglied des GABAL e.V. und des Vorstandes der Deutsch-Laotischen Gesellschaft e.V.

www.kommunikation-berlin.de

Anpassungsfähigkeit in Gruppen: Fluch oder Segen?!

Prolog

„Unzufriedenheit, Zweifel: Nicht immer gern gesehen.
Was wären wir ohne sie?"

Ines Bücher

Das obige Zitat schrieb ich als Abiturientin. Dafür erhielt ich die Note 1. Viel interessanter ist jedoch: Was motivierte mich zu diesem Aphorismus? Es waren wahrscheinlich meine Erfahrungen mit den kritischen Reaktionen meines Umfeldes. In meiner Grundschulzeit gab es noch Verhaltensnoten für Betragen. Hier erhielt ich von den meisten Lehrer*innen bestenfalls ein „Befriedigend". Nur meine Klassenlehrerin, die ich noch heute als Vorbild sehe, verstand mich. Sie gab mir eine 1 oder auch mal eine 2 und interpretierte mein Verhalten als „schöpferische Unruhe" (Zitat Zeugnis).

Meine Abneigung gegen Mathematik in der Schule rührte wahrscheinlich aus der Erfahrung, dass ich bei Leistungskontrollen Punktabzug bekam, obwohl das Ergebnis in der Multiplikation richtig war. Mein Rechenweg war ein anderer als der des Lehrers. Die schlechtere Note ärgerte mich und sorgte für kognitive Dissonanz. Diesen Begriff kannte ich selbstverständlich noch nicht.[1] Sehr prägend für mich war eine Kritik meines Klassen- und Geschichtslehrers 1985, der meinte, ich solle mir meine „opportunistischen Fragen verkneifen". Hintergrund: Der jugoslawische Staatschef, Josip Broz Tito, war 87-jährig seit Januar 1980 im Krankenhaus. Fast täglich, bis zu seinem Ableben im Mai 1980, gab es ein Bulletin zu seinem Gesundheitszustand im „Neuen Deutschland". Meine Fragen damals lauteten: „Warum sind die Regierungsmitglieder in den sozialistischen Ländern so alt, während doch normalerweise Menschen sich freuen, ab 60 in Rente gehen zu können? Außerdem sind in den kapita-

---

1 Zwei zugleich bei einer Person bestehenden Kognitionen widersprechen sich oder schließen sich aus, in: https://wirtschaftslexikon.gabler.de/definition/kognitive-dissonanz-37371 [8.4.2022].

listischen Ländern die Politiker jünger. Wieso steht täglich was zu Tito in der Zeitung?"

Der Mensch hat zwei mögliche genetische Prägungen in Konflikten: entweder Angriff oder Flucht. Ich bin sehr wahrscheinlich mit dem Angriffsgen ausgestattet und damit die geborene Rebellin. Dies hat mich viel Kraft im Leben gekostet. So erinnere ich mich an eine Situation aus meinem Studium der Asienwissenschaften. Mein Professor urteilte: „Fräulein Bücher verhält sich arrogant gegenüber dem Lehrkörper." Ich hatte unter anderem wohl zu viel mit dem Professor für südostasiatische Geschichte diskutiert, der die laotische Geschichte auf Grundlage vietnamesischer Quellen darstellte, während ich die original anders lautenden laotischen Quellen zitierte. Nach Diskussionen mit dem Professor und meiner Seminargruppe wurde die Bewertung angepasst in: „Fräulein Bücher verhält sich selbstbewusst gegenüber ihrem Lehrkörper."

Wenn ich mir meine Biografie anschaue, besteht mein ganzes Leben aus Anpassungen. Zum Glück habe ich mir meine Individualität bewahrt. Ist das nur durch Selbstständigkeit möglich? Heute werde ich im beruflichen Kontext für kritische Fragen bezahlt! Aufgrund meiner persönlichen Erfahrungen bin ich durch das vom GABAL Verlag initiierte Thema „Adaptability" emotional sehr angesprochen und motiviert. Einerseits denke ich da an „amöbenhafte" Studierende (Attribut auf einer Hochschulfachtagung) und Coachees mit einem hohen Leidensdruck. Durch meinen Beitrag hoffe ich die Diskussion zu diesem sehr ambivalenten und komplexen Thema zu bereichern.

Anpassungsfähigkeit als sozial-kommunikative Kompetenz

Im Kompetenzatlas KODE® von Heyse / Erpenbeck ist Anpassungsfähigkeit eine von 16 sozial-kommunikativen Kompetenzen. Sie wird als reine Sozialkompetenz eingeordnet. Dazu gehören weiterhin Kommunikations- und Konfliktfähigkeit. Konfliktlösungs- und Dialogfähigkeit bilden eine Schnittmenge zur Personalen Kompetenz. Dialogfähigkeit und Experimentierfreude überlappen sich mit Aktivitäts- und Handlungskompetenz. Verständnisbereitschaft wird ein Bezug zu Fach- und Methodenkompetenz zugeordnet.[2]

---

2 Vgl. Erpenbeck / Heyse, S. 274.

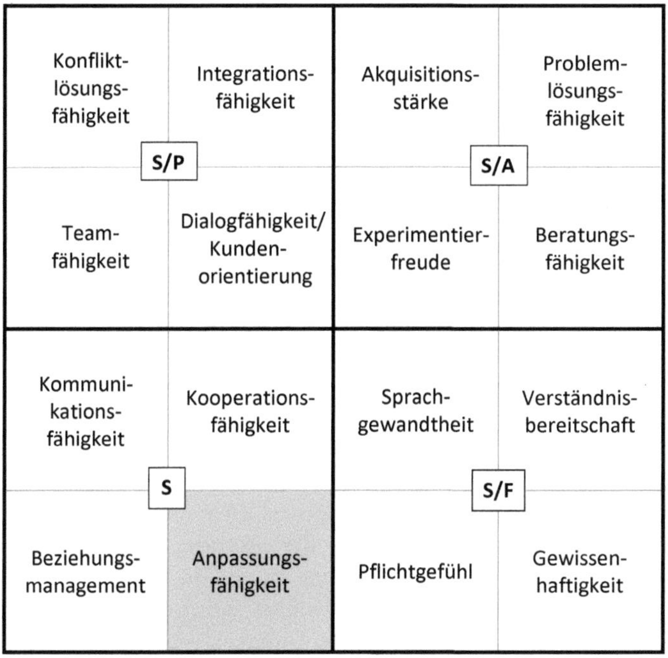

Konflikt-lösungs-fähigkeit	Integrations-fähigkeit	Akquisitions-stärke	Problem-lösungs-fähigkeit
S/P		**S/A**	
Team-fähigkeit	Dialogfähigkeit/ Kunden-orientierung	Experimentier-freude	Beratungs-fähigkeit
Kommuni-kations-fähigkeit	Kooperations-fähigkeit	Sprach-gewandtheit	Verständnis-bereitschaft
S		**S/F**	
Beziehungs-management	Anpassungs-fähigkeit	Pflichtgefühl	Gewissen-haftigkeit

Abbildung 1: Sozial-kommunikative Kompetenzen (KODE®) aus: Erpenbeck V., Heyse J., Kompetenztraining, Schäffer-Poeschl, Stuttgart 2009, S. 274.

Bedeutung von Anpassungsfähigkeit

Eine Kompetenz besteht aus Wissen, Qualifikation, Werten, Normen und Motivation.[3] Unter den heutigen Rahmenbedingungen einer komplexen, unsicheren und sich ständig verändernden Umwelt ist Anpassungsfähigkeit nicht nur eine individuelle Kompetenz. Sie ist fundamentale kollektive und organisationale Ressource, um produktiv und überlebensfähig zu bleiben. Mitarbeitende müssen sich aufeinander einstellen und sich miteinander arrangieren. Unterschiedliche Gruppen mit teilweise konträren Kulturen und Zielen erfüllen interdisziplinär Aufgaben oder arbeiten in gemeinsamen Projekten miteinander. Sich ständig ändernde äußere Bedingungen führen zu einem enormen Veränderungsdruck. Strukturen

---

3 Vgl. Erpenbeck/Heyse, S. XI.

und Prozesse werden angepasst und optimiert. „Permanenter Wandel" und „Kontinuierliche Verbesserung" sind bekannte und häufig verwendete Schlagwörter in Organisationen.

Unternehmen suchen loyale und flexible Mitarbeitende. Bereits in Kita und Schule wird angepasstes Verhalten belohnt. Wir werden zur Anpassung sozialisiert. Sicher hat es evolutionspsychologische Gründe, dass Menschen sich in ihren Bezugsgruppen ein- oder gar unterordnen. Zu Jäger- und Sammlerzeiten war ein Überleben ohne Gruppe kaum möglich. „Die Fähigkeit, sich neuen Verhältnissen anzupassen, ist für einen Menschen äußerst wichtig, und die Anforderungen an diese nehmen in all den beruflichen Bereichen zu, die besonders von inhaltlichen und organisatorischen Veränderungen betroffen sind. Aber das ist nur eine – wenn auch sehr wichtige – Seite. Die zweite Seite der Anpassungsfähigkeit betont die Fähigkeit, selbst aktiv und formend Einfluss zu nehmen auf die Umgebung, auf andere Menschen, auf die Anforderungen – also die Umwelt –, auf die eigenen Ziele und Interessen."[4] In einer nichtrepräsentativen Erhebung der Autorin (02.–03.2022, n=126) stimmten 51 % der ersten Bedeutung zu und 46 %, dass es sich um eine Sozialkompetenz handelt. Demgegenüber gab es nur 4 Stimmen, das sind 3,3 %, die zustimmten, dass es die Fähigkeit ist, die Umwelt zu gestalten. Insgesamt bejahten knapp 41 % die sehr hohe und 47 % eine hohe Wichtigkeit dieser Kompetenz im Berufsleben.

Schlüsselkompetenzen für Anpassungsfähigkeit

In der Praxis ist Anpassungsfähigkeit keine alleinstehende Kompetenz, weitere Handlungsdispositionen sind unabdingbar. Einige wesentliche seien in folgender Übersicht aufgeführt. Darüber hinaus sind besonders Problem- und Konfliktlösungsfähigkeit erfolgskritisch bezüglich der zweiten Seite der Begriffsbedeutung, zum Beispiel Mut und Durchsetzungsvermögen.

---

4 Erpenbeck/Heyse, S. 274.

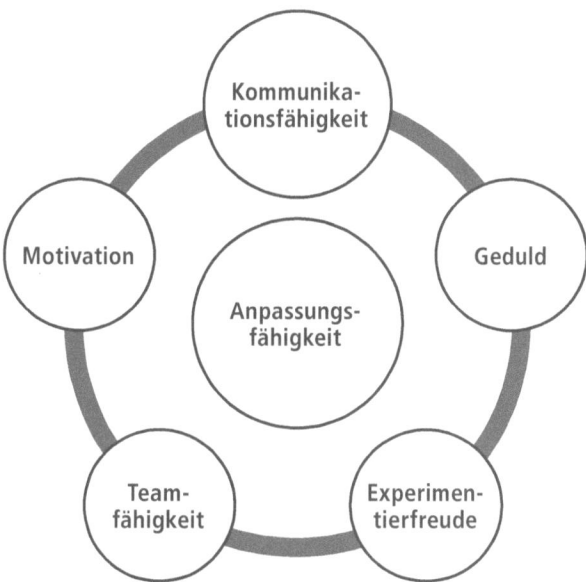

Abbildung 2: Anpassungsfähigkeit (eigene Darstellung)

Alles eine Frage der Balance – das Kernquadratmodell

Das Modell wurde vom Niederländer Daniel Ofmann in den 80er-Jahren entwickelt. In diesem Modell führt die Übertreibung von Kernqualitäten (Stärken) zu möglichen Fallen bzw. Fettnäpfchen aus Sicht des Umfeldes. Um diese zu minimieren oder sogar zu vermeiden, sollte der Mensch am positiven Gegenteil arbeiten, der Herausforderung. Wird diese Eigenschaft übertrieben, kommt es zur Allergie, dem Verhalten, das uns an anderen anstrengt oder das wir ablehnen. Mit dem Gegenteil landen wir wieder bei unserer Stärke.[5]

Dieses Modell zeigt die verschiedenen Seiten einer Medaille und bildet einerseits mit A und C Schwestertugenden und mit B und D Schwächen. Fazit: Es gibt kein gutes oder schlechtes Verhalten. Die Frage ist: Welcher Verhaltensspielraum zwischen verschiedenen Polen ist angemessen und zielführend?

---

5 Heemeijer [8.4.2022].

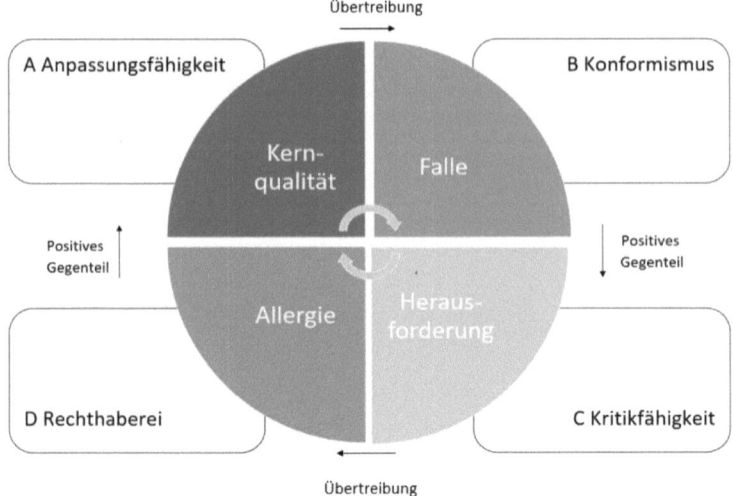

Abbildung 3: Kernquadrat Anpassungsfähigkeit (eigene Abbildung, vgl. Heemeijer)

Ein bekanntes Modell mit einer anderen Anordnung, jedoch ähnlichen Aussagen ist das Wertequadrat des Psychologen Paul Helwig (1967). Dieses wurde als Werte- und Entwicklungsquadrat durch den Kommunikationspsychologen Friedemann Schulz von Thun in seiner Reihe „Miteinander Reden" sehr ausführlich erläutert. In einem dialektischen Beziehungsnetz visualisiert und beschreibt er an mehreren Beispielen vier Arten von Beziehungen. Hier sei das für unser Thema Relevante dargestellt:[6]

1. Es gibt den dialektischen Gegensatz von „Eigensinn" und „Einordnung".
2. Dann gibt es *„konträre Gegensätze* zwischen einem Wert und einem Unwert". Hier zwischen „Eigensinn" und „Angepasstheit" sowie „Einordnung" und „Aufsässigkeit".
3. Die Übertreibungen, die wir bereits aus dem Kernquadrat kennen, sind hier: „Eigensinn" versus „Aufsässigkeit" und „Einordnung" versus „musterschülerhafter Angepasstheit".

---

6 Schulz von Thun, S. 38, 39, 43.

4. Durch Überkompensation eines Unwertes in den entgegenge-
setzten anderen Unwert wird z.B. aus „Aufsässigkeit" „muster-
schülerhafte Angepasstheit".

Folgende Thesen lassen sich aus beiden Modellen ableiten:

- Stärken können auch Schwächen sein.
- Hinter Schwächen verbergen sich Stärken.
- Was wir an anderen nicht mögen, ist das, was wir von ihnen lernen
können.

Beide Modelle eignen sich sehr gut für Selbstreflexion, -coaching und
Teamentwicklung. Die Autorin nutzt sie seit vielen Jahren für diese
Zwecke und auch sehr effizient für Führungskräfteentwicklung. Die
Modelle unterstützen ebenso bei der Vorbereitung und Durchführung
von Mitarbeitergesprächen.

Positive Aspekte

Gruppen können bessere Ergebnisse erzielen als Einzelne. Um diesen
Gruppenvorteil zu erzielen, bedarf es folgender Voraussetzungen:

- Alle sollten motiviert sein, die Fragestellung gemeinsam zu bearbeiten.
- Vor der gemeinsamen Bearbeitung sollte eine unabhängige, individu-
elle Problemlösung durch jedes einzelne Gruppenmitglied erfolgen.
- Alle Einzelergebnisse sollten ausführlich diskutiert werden.
- Die Lösungen der Einzelnen, auch schwächerer Gruppenmitglieder,
müssen akzeptiert werden.
- Die gemeinsame Lösung sollte von allen Gruppenmitgliedern getragen
werden und möglichst ohne Abstimmung erfolgen.[7]

Hohe Gruppenkohäsion führt zu mehr Partizipation, Zufriedenheit,
geringerem Krankenstand und Fluktuation sowie Produktivitäts- und

---

7 Wellhöfer, S. 65 f.

Leistungssteigerungen.[8] Positive Aspekte wie Stabilität, Weiterentwicklung und Fortschritt wurden in der Umfrage bestätigt.[9]

Negative Aspekte

Anpassungsdruck in Gruppen führt laut Umfrage hauptsächlich zu negativen Folgen wie Stress, Gleichschaltung, Konflikten, Unzufriedenheit und Demotivation.[10] Gruppendenken ist laut Janis[11] das übermäßige Streben nach Einmütigkeit durch Harmoniestreben in hochkohäsiven Gruppen. Es handelt sich um einen dysfunktionalen Gruppenentscheidungsprozess. Konformitätsruck in Gruppen hat großen Einfluss auf Entscheidungen und kann verhindern, dass sich die richtigen Ideen durchsetzen und „den Gruppenvorteil vom Typus des Suchens" verhindern.[12] Typische Merkmale sind u.a.: Vorurteile gegenüber Andersdenkenden in und außerhalb der Gruppe; Konformitätsdruck abweichender Meinungen, Illusion der Unverwundbarkeit, Unfehlbarkeitsüberzeugungen sowie der Mangel an Selbstreflexion und Hinterfragen von Einstellungen und Entscheidungen.[13]

Ein berüchtigtes Beispiel für Auswirkungen des beschriebenen Phänomens ist die Challenger-Katastrophe 1986. Die NASA-Ingenieure und das Launch-Team ließen, trotz bekannter Dichtungsmängel im Hitzeschutz, aus PR-Gründen den Start mit der ersten Zivilistin, der Lehrerin Christa McAuliffe, zu. Durch Druck kamen „vernünftige Männer zu unvernünftigen Entscheidungen."[14]

Kontextfaktoren für „Gruppendenken"

Janis identifizierte eine Reihe Auslöser für Gruppendruck wie homogene Gruppenzusammensetzung. Hoher Gruppenzusammenhalt und Loya-

---

8 Becker, 24.03.22.
9 Schulz-Bücher, 2022.
10 Schulz-Bücher, 2022.
11 Janis, „groupthink".
12 Wellhöfer, S. 70, 72.
13 T.G. [23.3.22].
14 Kerzner, S. 274–332.

lität sind wichtiger als freie Meinungsäußerung. Dazu kommen strukturelle Probleme wie Führungsmängel, falsche Entscheidungsmethoden und situative Faktoren wie Stress und Zeitdruck. Die meisten Führungskräfte kennen zu wenige Entscheidungstechniken und tappen in die Falle der vielgeliebten und als demokratisch gelobten Mehrheitsentscheidungen, ohne zu wissen, dass diese ggf. durch gruppendynamische Prozesse negativ beeinflusst werden.

Tipps, um Konformismus und Fehlentscheidungen zu vermeiden

* Meinungsvielfalt und Kritik werden gefördert.
* Führungskräfte äußern ihre Meinung bei Gruppenentscheidungen nicht.
* Vorgesetzte sollten an vielen Gruppenmeetings nicht teilnehmen, um Entscheidungen nicht zu beeinflussen.
* In Organisationen sollten mehrere Gruppen an gleichen Problemen arbeiten.
* Alle Ideen werden mit Menschen außerhalb der Gruppe geprüft.
* Es werden alle effektiven Alternativen geprüft.
* Externe Experten werden zurate gezogen, um mit der Gruppe zu diskutieren.
* In jedem Meeting sollte jedes Mal ein anderes Gruppenmitglied die Rolle des Advocatus Diaboli (Kritiker) einnehmen.[15]

Im modernen Personalmanagement gibt es weitere erfolgreiche Ansätze wie Versetzung, Jobrotation, bereichsübergreifende Projekt- und Gremienarbeit, interdisziplinäre und transdisziplinäre wechselnde Arbeitsgruppen. Ein wichtiger Ansatz ist das Diversity Management, wo es Vielfalt in allen möglichen Kriterien geben kann: Generationen, Gender, Ethnizität/Nationalität, sexuelle Orientierung, Beeinträchtigungen und weitere unterschiedliche Merkmale wie z.B. Familienstand, Herkunft und Interessen. Führungskräfteweiterbildungen zum Thema „Entscheiden" wie z.B. mithilfe des Systemischen Konsensierens sind ebenso zu empfehlen.

---

15 Janis, S. 209–215.

Praxisbeispiele

Um die bisherigen Ausführungen zu illustrieren, seien folgend zwei Praxisbeispiele aufgeführt.

Reflexionsfragen für die folgenden Fallbeispiele

1. Wie bewerten Sie vorliegende Situation?
2. Welche Fragen haben Sie an die Beteiligten bzw. zum Kontext?
3. Was sind aus Ihrer Sicht mögliche Ursachen, die außerhalb der Person der Protagonistinnen liegen?
4. Was ist, wenn Vorgesetze und Team falschliegen?
5. Welche Kompetenzen sollten Ihrer nach Meinung bei den Protagonistinnen, den Vorgesetzten und im Team entwickelt werden?

Fallbeispiel 1 „Die Nörglerin"

Vor ein paar Jahren bekam ich eine Coachinganfrage. Die Coachee, nennen wir sie Frau Sorgsam, arbeitete als Informatikerin in einem Industrieunternehmen mit einem sehr dynamischen Umfeld und hohem Wettbewerbsdruck. Sie war verantwortlich für bestimmte Lieferprozesse. Sie hatte, wie alle im Unternehmen, ein Weiterbildungsbudget zur freien Verfügung. Wegen der Kritik ihres Chefs, sie störe den Teamfrieden, ecke überall an und solle mal an ihrer Kommunikations- und Teamfähigkeit arbeiten, startete sie ihr Coaching,

Zur Auftragsklärung gab es ein gemeinsames Vorgespräch mit dem Vorgesetzten, einem impulsiv wirkenden Franzosen. Das Team bestand hauptsächlich aus Männern, die aus dem mediterranen Kulturkreis kamen, während Frau Sorgsam eine anfänglich etwas herb wirkende Norddeutsche war. Der Altersdurchschnitt in der Gruppe betrug ca. 30 Jahre. Die Klientin schilderte das aus ihrer Sicht bestehende Chaos in ihrer Abteilung: fehlende Standards, unklare Prozesse, ineffiziente, schlecht vorbereitete Meetings. Am meisten sorgte sie sich um die Arbeits- und Ergebnisqualität sowie die Kundenzufriedenheit. Sie berichtete von immer wieder auftretenden Pannen, Kundenreklamationen, die sie oft ausbaden musste. Eigentlich käme sie mit den meisten und ihrem Chef in Vier-Augen-Situationen ganz gut klar. Am schlimmsten seien jedoch die Teamsitzungen.

Frau Sorgsam fühlte sich vom Vorgesetzten und dem Team unverstanden und wenig wertgeschätzt. Andererseits sollte sie bei Problemen immer die „Kastanien aus dem Feuer holen" und „Krisenmanagerin" spielen. Regelmäßig berichtete sie von bestimmten Situationen, vom Verhalten der anderen, ihren Reaktionen und deren Gegenreaktionen. Sie liebte ihre Tätigkeit und war sehr zufrieden mit der Vergütung. Zunehmend fühlte sie sich jedoch aufgrund der konfliktären Gesamtsituation belastet und unzufrieden.

In den Coachings analysierten wir regelmäßig Gespräche mit einzelnen Kollegen und Teammeetings und suchten nach Konfliktursachen. Wir reflektierten die Werte und Glaubenssätze von Frau Sorgsam, ihre Bedürfnisse und Ziele und besprachen neue situative Handlungsalternativen. Wir simulierten aktives Zuhören. Frau Sorgsam übte Gelassenheit und gewaltfrei mit Wünschen und Bitten zu kommunizieren. Sie war hochmotiviert und probierte vieles aus, u.a. auch Entspannungstechniken, um ihre Kritiken diplomatischer zu verpacken. Nichts fruchtete so richtig. Ein Evaluationsgespräch mit ihrem Chef brachte die Rückmeldung, Frau Sorgsam gebe sich schon Mühe, das sei zu merken. Aber sie sei einfach zu kritisch und direkt und das käme halt bei ihm und dem Team nicht so gut an. In jeder Teamsitzung habe sie nach wie vor irgendetwas zu bemängeln. Ich empfahl ihm eine Prozessbegleitung bzw. ein Teamcoaching mit der Begründung, dass es mehrere und komplexe Ursachen für die Konflikte gäbe und ich eine ganz andere als von ihm geschilderte Frau Sorgsam erlebe, nämlich eine lernbereite, kommunikative, engagierte, zielorientierte und humorvolle Mitarbeiterin.

Gegen Ende des Coachings erzählte mir Frau Sorgsam, die mittlerweile geheiratet hatte, dass sie nun schwanger werden wolle und sie, wenn das nicht bald klappe, eine andere Stelle suche. Sie habe das Gefühl, nicht ins Team zu passen, erfahre zu viel Ablehnung und kaum Anerkennung und Unterstützung durch ihren Vorgesetzten.

Fallbeispiel 2 „Die Kranke"

Von einer Kommunalverwaltung bekam ich den Auftrag, im Rahmen eines BEM-Verfahrens[16] ein Führungskräfte- und Teamcoaching zu reali-

---

16 Betriebliches Wiedereingliederungsmanagement – gesetzlich vorgeschriebenes, freiwilliges Angebot nach sechs Wochen Krankheit im Jahr.

sieren. Das Teamcoaching war Ergebnis des BEM-Gesprächs zwischen Amtsleiterin und Mitarbeiterin, nennen wir sie Frau Arro. Deren Vorgesetzte ist seit ca. 2 Jahren Führungskraft. Sie folgte ihrer pensionierten Vorgängerin auf diese Position. Wie stellt sich die Problematik aus ihrer Sicht dar? Das Team sei mit nur drei Teilzeitmitarbeiterinnen unterbesetzt. Daher seien die Servicezeiten für die Bürger*innen nicht gewährleistet. Seit Jahren mache sie ständig Überstunden und sei langsam am Limit. Eine Kürzung der Öffnungszeiten, wie vom Amt genehmigt, komme für sie nicht infrage, da das nicht ihrem Serviceanspruch entspräche. Hauptproblem und Energiefresserin sei eben die seit Jahren ständig kranke Frau Arro. Diese sei zudem noch sehr anstrengend, weil sie dauernd Verbesserungsvorschläge mache und sich nur ihre Lieblingsaufgaben heraussuche. Frau Arro arbeite in Teilzeit und sei sehr unflexibel. So sei sie am Freitag, ohne weitere Begründung, nicht einsetzbar, was ungerecht sei und die Planung erschwere. Außerdem sei sie arrogant und erzähle ständig, wie großartig es bei ihrem vorigen Arbeitgeber war. Durch fehlendes Engagement und Mitgefühl störe sie den Teamfrieden und raube ihre und aller Energie. Sie beschwere sich sogar hinter dem Rücken über sie als Chefin beim Bürgermeister und der Amtsleiterin. Alle Bemühungen, sie loszuwerden, seien bisher gescheitert. Mittlerweile sei jedoch der Konflikt so eskaliert, dass die zwei alteingesessenen Kolleginnen de facto nicht mehr mit Frau Arro redeten, während die neue Kollegin scheinbar gut mit ihr klarkomme und teilweise deren Vorschläge unterstütze.

Der Prozess ist noch nicht abgeschlossen. Nach zwei Coachingsitzungen mit der Leiterin und zwei Teamworkshops kam per Mail die Rückmeldung: „Vielen Dank für Ihre Arbeit … der 2. Teamworkshop hat positive Auswirkungen auf alle Mitarbeiterinnen. Ich persönlich war wie befreit …"

Mögliche Problemursachen und Lösungsansätze

Führungskompetenz, Gruppendruck, Gruppendynamik, Gruppenreflexivität, Gruppenstruktur, Kultur, Kontext, Metakommunikation, Rollenkonflikt, Systemtheorie, Vorurteile, Wahrnehmungsfehler, Werte.

Epilog

Anpassungsfähigkeit kann eine Stärke sein, die uns, Teams und Organisationen weiterbringt. Ein Zuwenig oder Zuviel davon kann zu negativen

Folgen führen wie Problemen, Stress und Konflikten einerseits bis hin zu fehlender Selbstwirksamkeit, Beliebigkeit, Stagnation oder Untergang andererseits.

Fast jeder Berufstätige arbeitet in einer oder mehreren Gruppen. Wichtig ist, dass nicht nur Arbeitsziele, sondern auch soziale Bedürfnisse erfüllt werden. Hierfür ist es unabdingbar, regelmäßig auf beiden Ebenen zu reflektieren und gemeinsam an kommunikativen und sozialen Kompetenzen zu arbeiten.

In diesem Sinne wünsche ich Ihnen eine gute Balance zwischen Anpassungsfähigkeit, Souveränität sowie Gestaltung Ihres Umfeldes. Feiern Sie gemeinsame Erfolge und bewahren Sie sich dennoch einen kritischen Blick.

Quellen

Becker, Florian, Teamgeist stärken: Kohäsion und Zusammenhalt in Teams fördern, in: WPGS, o. D., https://wpgs.de/fachtexte/gruppen-und-teams/teamgeist-kohaesion-und-zusammenhalt-in-teams/

Erpenbeck, Volker; Heyse, John: Kompetenztraining, Schäffer-Poeschel, Stuttgart 2009

Heemeijer, Albert: Das Modell – Kernqualitäten und das Kernquadrat, o. D., in: https://albertheemeijer.nl/das-modell/

Kerzner, Harold: Projektmanagement. Fallstudien, Redline, Bonn 2004

Janis, Irving L., Victims of Groupthink: A Psychological Study of Foreign-Policy Decisions and Fiascoes, Houghton Mifflin, Boston 1972

Schulz-Bücher, Ines: Online-Umfrage 02.–03.2022, Survey Monkey

Schulz von Thun, Friedemann: Miteinander Reden 2, Rowohlt, Reinbek bei Hamburg 1996

T.G., Lexikon der Psychologie: Gruppendenken, in: Spektrum, o. D., https://www.spektrum.de/lexikon/psychologie/gruppendenken/6121

Wellhöfer, Peter R.: Gruppendynamik und soziales Lernen, UVK Verlag, München 2018

Zum Weiterlesen

Schulz-Bücher, Ines: Systemisches Konsensieren mit dem Inneren Team, in: https://www.coaching-magazin.de/tools-methoden/systemisches-konsensieren-mit-dem-inneren-team

Schulz von Thun, Friedemann: Das Werte- und Entwicklungsquadrat – ein Werkzeug für Kommunikationsanalyse und Persönlichkeitsentwicklung, in: TPS - Theorie und Praxis der Sozialpädagogik 9/20, S. 13–17, https://www.schulz-von-thun.de/files/Inhalte/PDF-Dateien/Interview%20Das%20Werte-%20und%20Entwicklungsquadrat.pdf

Krause, Frank; Storch Maja: Das Zürcher Ressourcen Modell „ZRM®" Selbstmanagement-Training, https://zrm.ch

Wagner, Hardy: Kern-Quadrat und Persönlichkeits-Struktur, in: https://stufenzumerfolg.de/images/Veroeffentlichungen/Kern-Quadrat_und_Persoenlichkeits-Struktur_in_TJ_82.pdf

Systemisch Konsensieren digital mit CONCIDE, https://concide.de/de/

Daniel Ofmann, https://youtu.be/-6oHHj6pkA4

© Susanne Teister

Susanne Teister

Wegbegleitung in Ihre Souveränität

Als Expertin für mehr Selbstbestimmung und Souveränität im Leben behauptet Susanne Teister: Souveränität ist nicht die Abwesenheit von Angst; und Adaptabilität ist eine Grundvoraussetzung zum Glücklichsein.

Ihre Wegbegleitung, digital und persönlich, führt alleinerziehende, berufstätige Frauen und Männer in eine neue grenzenlose Souveränität in allen Alltagssituationen. Das ist ihre neue Antwort auf den Speed unserer Zeit. Hunderte zufriedene Klienten geben ihr recht.

Ihre Lebenserfahrung, ein abgeschlossenes pädagogisches Hochschulstudium, kontinuierliche Weiterbildungen und das Selbststudium von nahezu 1.000 Büchern zu den Themen der Persönlichkeitsentwicklung bilden die Grundlage ihrer Expertise.

Als Wegbegleiterin, Autorin und Keynote-Speakerin begleitet sie ihre Klienten in ihre Souveränität.

www.susanne-teister.de

Freie Adaptabilität allein ist keine Garantie für Erfolg

Was braucht es, damit ein Mensch selbstbestimmt und souverän seine Lebensziele erreichen kann? Was braucht es, damit er über die Befriedigung seiner existenziellen Bedürfnisse hinausgehen kann?

Ist Adaptabilität hierfür unersetzlich? Ist sie gleichzusetzen mit Wesensänderung, Unterwürfigkeit oder Veränderung nach dem Willen eines anderen? Oder beinhaltet der Begriff noch mehr?

Muss sich ein Mensch anpassen, wie es die Gesellschaft vorschreibt, um existieren zu können? Nicht ausgegrenzt zu werden? In den gesellschaftlichen Epochen der Sklaverei und der Eroberungen war das sicher in den meisten Fällen so, zumindest für die unteren Gesellschaftsschichten. In Situationen, in denen das Recht des Stärkeren gilt, ist dem auch heute noch so. Für diese Form der Adaptabilität nutze ich den Begriff der **notwendigen** Adaptabilität.

Doch gibt es heute auch schon viele gesellschaftliche Bereiche, das können z. B. Unternehmen, Vereine, Familien sein, in denen man erkannt hat, dass eine andere Einstellung und gemeinsame Ziele weitaus erfolgreicher sind. Sie arbeiten mit einer Win-win-win-Situation. Man könnte es auch Liebe nennen im Sinne des „so sein dürfen, wie der Einzelne ist". Dieser Begriff wird jedoch in diesem Zusammenhang selten verwendet, weil es schwierig ist, ihn unmissverständlich zu beschreiben oder gar zu definieren. Eine Win-win-win-Situation ist dagegen sofort klar zu definieren. Jeder Teil des Systems gewinnt und auch das System als Ganzes.

Schauen wir mal in die kleinste Einheit der Gesellschaft, die Familie. Wenn man die eigene Familie so aufbaut und gestaltet, dass jeder Mensch nach seinem Wesen seinen Platz haben darf, egal ob Kind oder Erwachsener, an dem er das leisten kann, was er gerne tut, an dem er wachsen und sich entwickeln darf, und an dem er auch seinen Beitrag für die Familie leisten darf und muss, dann entsteht gegenseitiges Wachstum, Dankbarkeit und der Wunsch, etwas zurückgeben zu wollen. In so einem System ist der Begriff der Adaptabilität ganz anders zu verstehen. Für diese Form der Adaptabilität nutze ich den Begriff der **freien** Adaptabilität.

Hier ist Adaptabilität mit Wachstum der Persönlichkeit, Zuwachs von Fähigkeiten und Wissen gleichzusetzen, um der Familie als Ganzes zum Erfolg zu verhelfen, aber auch selbst zu wachsen und zu gedeihen, so wie die Familie ihren Mitgliedern zum Erfolg verhilft. Hier fühlt sich jede und jeder wohl, muss um den Platz nicht kämpfen oder bangen und es entsteht eine Situation, in der man das Gefühl hat, 1 + 1 = 5 oder sogar 10.

In so einer Gemeinschaft kann sowohl der Einzelne als auch die Gemeinschaft zur besten Version ihrer selbst werden. Manchmal gelingt das bewusst in einzelnen Situationen, wenn ein Team als Ganzes an einem gemeinsamen Ziel arbeitet. In einer Familie ist dieser Prozess wohl eher unbewusst. Lassen Sie mich das anhand meiner eigenen Erfahrungen verdeutlichen:

Mir wurde die Fähigkeit zur freien Adaptabilität in die Wiege gelegt

Ein hohes Ziel in unserer Familie war und ist, Leistung zu erbringen, eine gute Ausbildung zu absolvieren, möglichst ein Studium abzuschließen und lebenslanges Lernen anzustreben. Auch familiäre Bindung, gegenseitige Unterstützung und das Streben nach einer guten Lebensqualität war und ist in unserer Familie wichtig. Teilen, Mitmachen, Anteilnahme, Kameradschaft, Gastfreundschaft waren und sind unsere wichtigsten Werte. Wenn einmal etwas nicht funktionierte oder etwas schiefging, wurde sofort nach Lösungen gesucht und gegenseitige Unterstützung angeboten. Ich bin im Osten Deutschlands groß geworden und wurde nach den Grundsätzen erzogen:

> Du bist gewollt von Anfang an.
> Du bist geliebt, so wie du bist.
> Du wirst gebraucht.

Überall dort, wo ich auf diese Werte treffe, fühle ich mich sofort wohl, bin ich sofort ein Teil der Gemeinschaft und finde schnell meinen Platz.

Die Begriffe und Synonyme zum Thema Adaptabilität sind schnell gefunden, drücken aber nicht die Intention oder den Kontext aus, zu dem Adaptabilität gefragt ist oder angestrebt wird. Das Schaubild kann aus beiden Perspektiven gesehen und interpretiert werden – aus der der freien und aus der der notwendigen Adaptabilität.

Brainstorming zum Begriff "Adaptabilität"

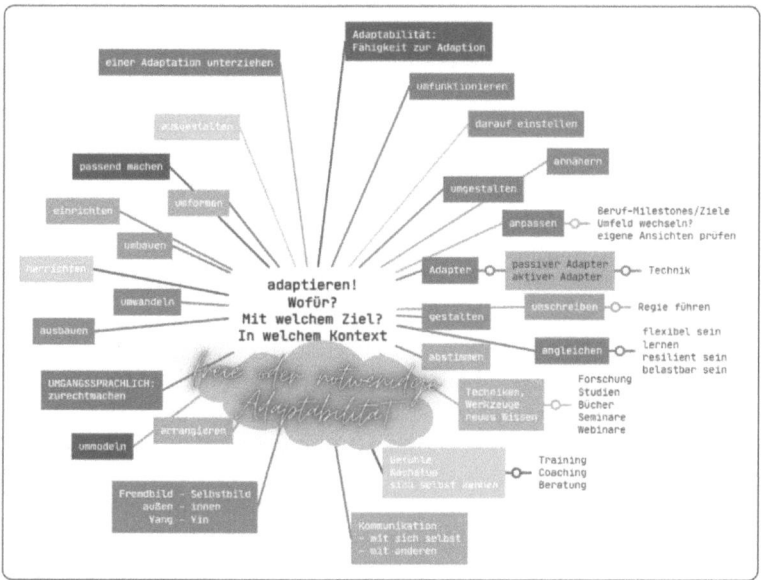

Susanne Teister im Frühjahr 2022

Meine natürliche freie Adaptabilität hat für mich viele Vorteile

Für mich war es nie eine Frage, ob ich mich anpassen will. Für mich war die Mitarbeit an einem gemeinsamen Ziel in einer Gemeinschaft normal. Ich kannte es nicht anders. Diese Fähigkeit brachte mir gute Zeugnisse und ein abgeschlossenes Hochschulstudium ein und lebenslang die Fähigkeit, für Probleme und Herausforderungen immer wieder Lösungen zu finden, über die andere staunten.

In meiner MET-Ausbildung (MET = Meridian-Energie-Techniken) sagte Rainer Franke 2005 in einem Pausengespräch: „Bei den Erlebnissen, die Sie hinter sich haben, müssten Sie rauchen, alkoholsüchtig sein oder drogenabhängig. Wie machen Sie das, dass Sie nicht süchtig sind?" Ich wusste damals noch keine Antwort.

Freie Adaptabilität hat einen Nachteil in konservativen Strukturen

Als ich in meinem späteren beruflichen Werdegang im „Westen" auf konservative Regeln und Gesellschaftsstrukturen traf, war ich darauf nicht vorbereitet, dass es auch im Deutschland des 20. Jahrhunderts Strukturen gibt, die genau diese Fähigkeiten ablehnen. Plötzlich wurde ich für meine Hilfsbereitschaft ausgelacht, wurde ausgenutzt oder Ideen und Vorschläge wurden als die eines „Besserwissers" abgetan. Ich bekam manchmal den Spitznamen „Mutter Theresa", wurde zu Arbeiten herangezogen, die ich nicht bezahlt bekam, und Ähnliches. Ich musste lernen, damit umzugehen, damit zurechtzukommen, mein Recht zu vertreten, ohne zu streiten, und für mich einzustehen. Für andere einzustehen war kein Problem. Aber für mich selbst? Das war mir neu. Oft litt ich unter Selbstzweifeln, weil ich die Ursache der Schwierigkeiten nicht verstand. Jeder Versuch, solche Probleme durch Gespräche aufzuklären, machte die jeweilige Situation nur schlimmer und brachte mich nicht nur einmal in eine Mobbingsituation. Erst recht der Versuch, vom Betriebsrat angebotene Gespräche zur Problemlösung zu nutzen, schlug nicht nur fehl, sondern zog Folgen nach sich, die ich noch Jahre später zu spüren bekam. Einmal sagte ein externer Trainer in einem Gruppentraining zu mir: „Wenn Sie so weitermachen, landen Sie in der Sozialhilfe." Er erklärte aber nicht, wie er das meinte, und auch nicht, was ich seiner Meinung nach falsch machte. Ein Chef verlangte von mir sogar, nicht mehr zu sprechen! Allen Ernstes! Die für mich zunächst scheinbaren Misserfolge machten mich nachdenklich. Ich verstand plötzlich, warum es so etwas wie Burn-out tatsächlich und in so großer Zahl gibt.

Viele gute Erfahrungen machte ich mit Kolleg*innen, Teams verschiedener Abteilungen in unterschiedlichen Branchen und in Arbeitskollektiven, die nach den mir bekannten Regeln funktionierten und arbeiteten. Dort war meine freie Adaptabilität erwünscht. Die positiven Erfahrungen ließen mich daran glauben, dass es auch möglich sein musste, mit den mir unbekannten und unangenehmen Situationen zurechtzukommen.

Ich suchte nach Verhaltensweisen, die ich erlernen konnte, um Stress-Situationen aus dem Weg zu gehen.

Ich suchte nach meiner Möglichkeit der Adaptation meines Verhaltens in solchen Arbeitsverhältnissen. Eigentlich wollte ich mich nicht freiwillig kleinmachen und mich nicht an Anforderungen anpassen, die nicht meinen Werten entsprachen. Aber in Vorstellungsgesprächen ist oft nicht gleich erkennbar, in welche tatsächliche Arbeitssituation man sich begibt. Und auch eine gute Arbeitssituation kann sich ändern. Diese Veränderungen geschahen in meinem Leben immer in atemberaubender Geschwindigkeit.

Ich suchte nach neuen Lösungswegen. Ich war gezwungen, neu zu lernen, in solchen Arbeitsverhältnissen zurechtzukommen. Das war hart. Aber es hat sich gelohnt. Ich fand für mich einen Weg, erlernte neue Fähigkeiten, lernte „in spezifischen Situationen tatsächlich nicht mehr zu reden", lernte mich dabei trotz allem mit mir wohlzufühlen und meine Emotionen zu steuern.

Einige Situationen aus meinem Leben, die von mir ein hohes Maß an Adaptabilität erforderten, möchte ich hier nennen:

- Mein erstes Kind wurde im zweiten Semester geboren. Trotzdem bewältigte ich das Studium in der Regelstudienzeit mit einem Sonderstudien-Plan, den mir die Hochschule angeboten hatte, mit guten Ergebnissen.
- Da wir keine Wohnung bekamen, teilte uns die Gemeinde einen Bauplatz zu und wir begannen ein Haus zu bauen – im ersten Studienjahr! Noch heute werde ich von meinen Kindern oft gefragt: „Wie hast du das geschafft? Studium, Haus und Kind?!" Ganz ehrlich? Ich weiß es nicht – ich habe einfach nie darüber nachgedacht.
- Im November 1989 kam die Wende. Die Ingenieurschule, an der ich mein Praktikum absolviert hatte und die mich übernehmen wollte, wurde aufgelöst. Auch der Job an einer Berufsschule fiel der Wende zum Opfer, weil diese die Lehrkräfte reduzierte.
- Ich sollte nun 30 Kilometer mit Bus und Bahn in eine Berufsschule nach Dresden fahren, um dort zu arbeiten. Da ich nicht wusste, wie ich das mit mittlerweile zwei Kindern bei einem halbfertigen Haus und ohne Auto bewerkstelligen sollte (Fahrerlaubnis und Auto waren für mich damals noch unerschwinglich.), gab ich meinen Job auf. Über eine Empfehlung kam ich in die Versicherungsbranche und baute durch Kaltakquise meinen ersten Kundenstamm und ein Team auf. Das funktionierte sehr gut. Ich konnte von zu Hause aus arbeiten.

- Nach der Trennung von meinem Ehemann 1999 zog ich mit meinen beiden Mädchen in die Nähe meiner Eltern zurück.
- Ein Jahr später bekam ich ein interessantes Jobangebot und zog dafür nach Wiesbaden. Ich hatte keine Ahnung, worauf ich mich da einließ. Doch ich trat die Flucht nach vorn an und zog mit meinen beiden Mädchen in die Fremde. Ich kannte dort niemanden. Es war schwierig, eine Wohnung ohne Arbeitsvertrag zu bekommen und einen Arbeitsvertrag ohne Wohnung. Irgendwie gelang es mir aber doch mit Unterstützung einer netten Dame des Wohnungsamtes, die sich sehr für mich einsetzte und mir half, die Regeln zu verstehen und zu befolgen.
- Mein Lebenslauf verlief wie ein Aktienkurs. Höhen und Tiefen wechselten sich ab. Dennoch sammelte ich in vielen Jobs und in vielen Branchen viele Erfahrungen.
- In einem dieser Jobs lernte ich meinen heutigen Partner kennen. Er meinte: „So eine Frau, die in den stressigsten Momenten noch für alle anderen Kaffee kocht und ihnen wieder ein Lächeln ins Gesicht zaubern kann, möchte ich haben.“

Ende gut, alles gut? Noch nicht.

Adaptabilität: Oh ja, ich weiß, was das ist!

Der größte Gegenspieler zu meiner Adaptabilität war meine Existenzangst

Es war schon als Kind eigentlich immer die Angst, nicht gut genug zu sein. Die 13 superguten Schulzeugnisse konnten mir diese Angst damals schon nicht nehmen. Im Gegenteil. Später kam die Angst dazu, nicht genug Geld zu verdienen oder den Job zu verlieren oder einfach die Angst vor der Angst. Meine Eltern sagten oft: „Wenn du nicht gut genug bist, musst du eines Tages unter der Brücke schlafen!“ Na ja, sie gehören zur Nachkriegsgeneration des Zweiten Weltkriegs. Sie hatten viel erlebt. Mir brannte sich der Satz dennoch ein. Das Wissen um das Warum und die Versuche, auf Verstandesebene daran etwas zu ändern, schlugen alle fehl. Sie brachten mich weiter, keine Frage. Aber irgendwie blieb immer ein Rest Angst oder ich hatte das Gefühl, ich drehte mich im Kreis.

Ich fand zwar immer wieder neue Lösungen. Aber das vorherrschende Gefühl für mich war viele Jahre Existenzangst bis hin zur Panik, weil ich oft nicht wusste, wovon ich im nächsten Monat meine Miete bezahlen sollte. Wenn das Geld nicht reichte, nahm ich kleine Jobs an, um über die Runden zu kommen. Trotzdem gab es Zeiten, da mussten 50 Euro im Briefumschlag für eine ganze Woche reichen. Mit zwei Kindern. Doch ich gab niemals auf. Ich wusste, es gibt immer einen Weg. Wenn ich das vor Kummer oder Angst mal vergaß, hatte meine Mutter immer ein offenes Ohr für mich und erinnerte mich daran.

Interessanterweise sagen meine Kinder heute über diese Zeit: „Damals gab es das beste Essen: Kartoffeln, Ei und Senfsoße, Spaghetti mit Tomatensoße und Grießbrei mit Sauerkirschen." Das zaubert mir immer noch ein Lächeln ins Gesicht. Wie oft hatte ich ein schlechtes Gewissen? Auf meine Frage heute, was ihnen damals gefehlt habe, antworteten sie: „Nichts."

Der Nutzen dieser Erfahrungen bestand vor allem darin, dass ich Chefs, Kolleginnen, vor allem alleinerziehende Mütter wie mich, verstehen lernte in ihrer Existenzangst und in ihrer Angst, zu versagen, in ihren Schuldgefühlen und in ihrem Drang, an ihrer Situation etwas zu ändern.

Dieses Verständnis und der Wille „zu helfen" brachten mir nicht immer nur gute Erfahrungen ein. Manchmal, wenn ich aus diesem Verständnis heraus etwas laut sagte, gab es Ärger. Ich verstand nicht warum, wollte es aber ändern – wollte mich ändern. Außerdem bekam ich oft gesagt, welch großes Potenzial ich hätte. Da aber am Ende des Monates das Geld knapp war, konnte ich nicht lange nicht nachvollziehen, worin es bestehen sollte.

Mein Entschluss stand fest: Ich beseitige jetzt meine Angst.

Mit meinem Umzug im Jahre 2000 nach Wiesbaden begann ich, systematisch Bücher zu lesen und Filme auszuwerten im Hinblick auf brauchbare Verhaltensweisen. Ich las die Bücher nicht nur. Ich studierte sie, probierte alles aus, was an Übungen vorgeschlagen wurde. Nicht alle Ideen führten in der Praxis zum gewünschten Ergebnis. Und so zweifelte ich immer aufs Neue an mir. Ich nahm Therapiestunden, Coachings, arbeitete mit einem Heilpraktiker, besuchte Seminare und probierte immer wieder neue Dinge aus.

Irgendwie mussten die Ängste doch zu beseitigen sein.

2005 lernte ich die MET-Technik kennen (Meridian-Energie-Technik nach Rainer Franke), die für mich in dieser Lebensphase von nahezu lebensrettender Bedeutung war, weil sie mir half, die akuten Angstzustände innerhalb von Minuten zu beseitigen. Jedoch erst nach einer Selbsthypnoseausbildung 2018 begann ein neuer Lebensabschnitt in Bezug auf die Angst, mit der ich seitdem ganz anders umgehen kann.

Ich arbeitete schon länger mit inneren Bildern. In der Ausbildung verstand ich, dass das als „Selbsthypnose" bezeichnet wird. Nun lernte ich die neu entwickelte HIQ-Technik kennen, mit der ich systematisch und bewusst vorgehen konnte. Durch das Bewusstwerden und die Ausbildungsinhalte wurden mir neue Zusammenhänge klar. Ich konnte plötzlich Erlebnisse einordnen, die vorher Angst ausgelöst hatten. Ich lernte in den Einzelsitzungen auch, meine Gefühle zu benennen. Ich erlebte, dass Gefühle innerhalb von Minuten kamen und auch wieder verschwanden und dass ich selbst steuern konnte, wie ich damit umgehen will. Das war der Schlüssel, nach dem ich so lange gesucht hatte. Vor allem war hilfreich, dass wir mit einem sogenannten Sheet arbeiteten, einer Übersicht, anhand derer ich systematisch alle bearbeiteten Themen auch erinnern und nachvollziehen konnte. So verschwanden die Angst und die Zweifel, die mich blockierten, aus meinem Leben. Außerdem wurden durch die gezielte Mitschrift aller Arbeitsschritte in Form einer To-do-Liste alle Themen bearbeitet und es wurde mir bewusst, welche Themen erledigt waren. Das beendete den unendlich erscheinenden Kreislauf gleichartiger Erlebnisse.

Die MET-Technik und die HIQ-Technik waren die wichtigsten Erfahrungen auf dem Weg zu einer gesunden Adaptabilität. Heute blockiert mich meine Angst nicht mehr.

In den darauffolgenden Coachings, Seminaren und Trainings bekam ich plötzlich Feedbacks in neuer Qualität und erlebte auch, dass von meiner Angst nichts mehr übrig war, was mich blockierte. Verstehen Sie mich nicht falsch. Ich habe immer noch manchmal Angst. Ich habe auch Wut oder Frust oder bin traurig. Auch Inspiration und Intention gehören zu meinem Gefühlsrepertoire nach wie vor. Ich habe meine Gefühle nicht abgeschafft – auch nicht meine Angst. Doch heute kann ich anders damit umgehen, heute weiß ich, woher meine Gefühle rühren, kann mich abgrenzen und kann mein Verhalten auch in schwierigen Situationen souverän steuern.

Das macht mich frei von Angst, die mich blockiert. Das macht mich NICHT frei von Angst. Aber das macht mich frei von der Blockade, die durch unbearbeitete, nicht transformierte, unbewusste oder nicht zuordenbare Angst entsteht.

Mich adaptieren zu können, mir die eigene Adaptabilität erhalten zu können, hat sehr viel damit zu tun, wie gut ich meine Gefühle kenne, wie gut ich in der Lage bin, sie zu benennen und zuzuordnen. Meine Gefühle effektiv selbst managen zu können, ist mein Schlüssel für den Erhalt und den Ausbau meiner natürlichen Adaptabilität – auch in herausfordernden Situationen. Nicht zuletzt habe ich dadurch Blockaden durch Zuversicht ersetzt und durch das innere Wissen, „dass es immer irgendwie geht".

Adaptabilität und Wegbegleitung

Ich gebe seit vielen Jahren gerne weiter, was ich gelernt und erfahren habe. Einen beruflichen/geschäftlichen Schritt in diese Richtung wollte ich aber erst gehen, wenn ich mir sicher sein konnte, dass ich meine eigene Entwicklung abgeschlossen hatte. Oft genug war ich selbst nach einigen Sitzungen oder Therapiestunden „abgestürzt", zurückgefallen in alte Ängste. Solange ich nicht wusste, woran das lag, wollte ich mich nicht Experte nennen. Ich fand die Erklärung in mehreren Büchern und probierte dieses Wissen in der Praxis aus. Zusammenfassend lautet meine Erklärung dazu heute: Wenn ein Coach eine „Diagnose" stellt und denkt, das so definierte „Problem" sei unlösbar, so überträgt sich dieses Denken auf den Klienten. Weder die Diagnose noch der Lösungsansatz müssen dabei benannt oder ausgesprochen werden. Als ich dieses Geheimnis 2018 für mich erkannt hatte, änderte ich meine Einstellung zu all den Fragen der Verantwortlichkeiten in einem Coachingverhältnis. Das war der letzte Schlüssel, der mir noch gefehlt hatte zu all den Techniken, die ich schon kannte.

Ich änderte auch meine Vorgehensweise in der Arbeit mit Klienten. Denn wenn der Klient weiß, dass etwas geht, dann sucht er sich den Weg dorthin selbst. Das ist ein wesentlicher Unterschied zum herkömmlichen „Ziele setzen". Mein Vorschlag besteht in der Entdeckung des Magnet-Ziels mit dem Klienten. Die Arbeit für mich als Wegbegleiterin besteht darin, die Erzählungen (IST), Zielsetzungen von Meilensteinen, Formulierungen und inneren Bilder der Träume und Wünsche (SOLL) meines Klienten zu hinterfragen, zu feedbacken und die möglichen Wege zur Zielerreichung zu besprechen, den Klienten in der Verpflichtung zu halten und eventuell durch Beratung zu unterstützen. Den Weg des Klienten zu begleiten ist eine schöne, manchmal herausfordernde, aber vor allem erfolgreiche Aufgabe. Wenn bei jedem Schritt der Gesamtprozess klar ist, wenn die Meilensteine verschiebbar und austauschbar sind, das Magnet-Ziel aber bekannt und aus der eigenen Emotion geboren wurde und ein zeitlicher Puffer eingerichtet wurde, dann ist der Erfolg oft nur eine Fleißaufgabe. Kein Wegbegleiter der Welt kann eine Garantie für das Gelingen oder Scheitern eines Zieles geben. Aber im Falle eines Rückschritts kann ich als Wegbegleiterin das scheinbare Scheitern mit dem Klienten neu bewerten, Mut machen, aufrichten, eventuell neu starten. Manchmal muss man einen Prozess als Erfahrung werten und neue Wege gehen. Manchmal ändern sich im Laufe des Prozesses auch die Meilensteine. Manchmal fungiere ich als Wegbegleiterin als „das Souverän" von außen. Auch das kann möglich und hilfreich sein. In jedem Fall können die im Prozess erlernten / trainierten Fähigkeiten das Leben weit über das Mentoring / Coaching / Training hinaus positiv beeinflussen.

Mir macht es Spaß, Menschen auf diese Weise zu unterstützen, ihnen ihr Leben zu erleichtern, ihre Sicherheit in sich selbst zu finden, ihre Ziele zu entdecken und zu erreichen. Diese innere Sicherheit, aus der wir unsere Kraft für solche Wege schöpfen, finden wir in uns selbst, wenn wir aus der eigenen Entwicklung die Erfolgserlebnisse herausarbeiten, unsere Werte kennenlernen und sie uns bewusst machen und unsere eigene Wandlungsfähigkeit entdecken und als Erfolg werten lernen sowie fehlende Verhaltensweisen hinzulernen.

In der Geschwindigkeit, in der in unserer Gesellschaft Entwicklungsprozesse passieren, gerät notgedrungen jeder Mensch immer wieder in Situationen, die er nicht kommen sehen konnte, auf die er sich nicht vorbereiten konnte, die er noch nie in dieser Form erlebt hat. Dazu benötigt er genau diese Fähigkeiten der Adaptabilität in beiden Formen. Ein gutes Verständnis seiner eigenen Gefühle, Werte und Ziele ist die Basis für seine eigene Stabilität in sich selbst. Einen Wegbegleiter an seiner Seite zu haben, der diesen Weg bereits gegangen ist, kann von Vorteil sein, kürzt den Weg auf jeden Fall ab und erleichtert ihn.

Wenn Menschen erleben, wie sie auf diese Weise die Herausforderungen in ihrem Leben leichter und schneller meistern, dann können sie auch ihre Kinder bereits mit dieser Zuversicht und diesen Fähigkeiten ausstatten. Gibt es etwas Erstrebenswerteres?

© Michael Vaas

Michael Vaas

Michael Vaas ist der Optimierungsexperte für Top-Performance und Spitzenerfolg und begleitet mit seiner Strategie- und Managementberatung Unternehmen bei der strategischen Ausrichtung von Optimierungs- und Veränderungsprozessen. Er ist Keynote-Speaker, Autor und diplomierter Mental Coach.

Mit der Michael Vaas Akademie hat er es sich zur Aufgabe gemacht, Menschen und Unternehmen dabei zu unterstützen, erfolgreicher zu werden. Unter *www.michaelvaas-akademie. de* finden Sie ein vielfältiges Unterstützungsangebot mit vielen Downloads und Coaching-Programmen für Ihren persönlichen Erfolg.

In seinen Vorträgen, Beratungen, Workshops und im persönlichen Coaching liefert Michael Vaas viele Ideen und Impulse, Chancen zu erkennen, sich zu verbessern und so erfolgreicher zu werden. Sie bekommen Antworten auf die Fragen, was Sie wirklich in Ihrem Leben erreichen möchten und wie Sie Ihre Talente und Begabungen erkennen und für Ihren Erfolg nutzen.

www.michaelvaas.de

Selbstoptimierung – Wie Sie Veränderungen als Chancen für Ihren Erfolg nutzen!

Wer waren Sie vor fünf Jahren und wer sind Sie heute? Möglicherweise sagen Sie jetzt: „Was soll denn diese Frage?" Wenn Sie kurz innehalten und nachdenken, was sich denn alles in den letzten fünf Jahren in Ihrem Leben, in Ihrem Umfeld und auf dieser Welt verändert hat, verstehen Sie, was ich mit dieser Frage erreichen möchte.

Nichts ist beständiger als der Wandel

Wie passen Sie Ihr Leben an die dramatischen Veränderungen auf unserer Welt an? Dinge, die als sicher und kalkulierbar galten, sind möglicherweise schon verändert worden. Das Thema Verlässlichkeit und Sicherheit wird immer wieder infrage gestellt. Neue Techniken, Vorgehensweisen und Strategien halten Einzug. Viele Menschen fühlen sich deshalb überfordert, ja wie im Hamsterrad, weil sie oftmals gar nicht mehr mit den Veränderungen Schritt halten können und auch nicht verstehen, was denn gerade überhaupt um sie herum passiert.

Diese Entwicklung ist deshalb so dramatisch, weil uns das Leben so viele Möglichkeiten bietet und viele diese gar nicht nutzen. Angst und Unsicherheit lähmen uns und machen träge. Viele fühlen sich in einer Art Opferrolle und nehmen ihr Schicksal frustriert als gegeben an. Es gibt so viele Menschen mit großartigen Ideen, Talenten, Begabungen und Fähigkeiten. Leider trauen sie sich aber oftmals nicht, diese auch zu nutzen und möglicherweise anderen damit zu helfen und so unsere Welt zu bereichern. Sie machen oftmals die Umstände, die fehlende Zeit und die mangelnden Gelegenheiten dafür verantwortlich.

Machen Sie nicht auch denselben Fehler. Sondern erkennen Sie, dass Veränderung zu unserem Leben gehört und schließlich auch Wachstum und Weiterentwicklung für uns bedeutet. Es gilt, Gelegenheiten und Möglichkeiten zu nutzen, sich anzupassen, aber auch Kompromisse und Gemeinsamkeiten zu finden. Ich möchte Sie deshalb zum Nachdenken anregen und aufzeigen, warum Veränderungen jeden Tag in unserem Leben geschehen und wie wichtig es ist, diese anzunehmen, sich anzupassen und auch aktiv als Chancen zu nutzen. Wir Menschen erliegen oftmals dem Irrtum und meinen, dass wir einen gewissen Zustand, beispielsweise einen besonders schönen Moment, festhalten können, und alles sollte am besten so bleiben, wie es ist. Doch das ist ein trügerischer Irrtum. Die ganze Welt und damit unser ganzes Leben ist im Fluss und es liegt an uns, diese Tatsache zu verstehen, zu akzeptieren und erfolgreich damit umzugehen.

Mit „erfolgreich damit umgehen" meine ich, diesen Wandel und diese Entwicklungen nicht zu bekämpfen, sondern diese zuzulassen, zu prüfen und mögliche Chancen zu erkennen. Wir können uns durch Anpassungen und Verbesserungen in unserem Leben weiterentwickeln, über uns hinauswachsen und neue Dinge tun, die wir uns oftmals gar nicht zugetraut hätten.

„Wenn der Wind des Wandels weht, bauen manche Mauern und andere Windmühlen!"

Dieses Sprichwort bringt es auf den Punkt. Es unterscheidet uns Menschen voneinander, wie wir mit einer bestimmten Situation, die möglicherweise Neues mit sich bringt, umgehen. Wer Mauern baut, verschließt sich und grenzt sich ab. Wandel ist unerwünscht und es wird versucht, diesen abzuwehren. Eine Windmühle dagegen nutzt den Wind und wandelt diesen in Energie und Kraft um.

Sie merken schon, es kommt in erster Linie darauf an, wie Sie mit neuen Situationen umgehen und welche Haltung Sie dazu einnehmen. Wenn wir im ersten Schritt erkannt und akzeptiert haben, dass Neues in unserem Leben und auf unserer Welt tagtäglich entsteht, gilt es im nächsten Schritt unseren Blickwinkel zu verändern.

Viele Menschen haben deshalb Angst vor Veränderungen in ihrem Leben, weil dadurch Unsicherheit entsteht. Man weiß nicht genau, was auf einen zukommt. Manchmal wird man zu Anpassungen gezwungen und muss sich fügen, Kompromisse finden und sich mit der Situation arrangieren. Das kann in vielen Fällen unangenehm und mit teilweise großen Ängsten und Sorgen verbunden sein. Diese Befürchtungen sind normal und menschlich. Um trotzdem Herr der Lage zu sein und nicht nur auf Probleme und Ereignisse zu reagieren, empfiehlt es sich, einen Blick aus der Metaebene auf die Situation zu richten und diese objektiv zu bewerten. Auf den zweiten Blick, wenn man zum Ursprung der Informationsquelle geht, entpuppen sich manche Situationen als gar nicht so dramatisch, wie man es befürchtet hat.

Verändern Sie Ihren Blickwinkel

Jeder von uns entscheidet mit seinem persönlichen Blickwinkel darüber, ob er das Glas als halb leer oder als halb voll betrachtet. Die Situation an sich ist neutral: Es geht um ein Glas, das bis zur Hälfte gefüllt ist. Jeder Mensch entscheidet mit seinem Blickwinkel, seinem Wissen und seinen Erfahrungen aus der Vergangenheit, ob er das Glas halb leer oder halb voll sieht.

Deshalb sind gerade in der heutigen Zeit sachliche Informationen, die wahr sind, für eine Bewertung und für Entscheidungen wichtig. So können schnell und effizient Lösungen gefunden werden.

Ein kleines Beispiel dazu macht deutlich, dass jedes Problem in erster Linie eine Situation darstellt. Erst durch unsere subjektive Bewertung der Situation wird diese zum vermeintlichen Problem. Stellen Sie sich beispielsweise die folgende Situation vor:

Nach einer langen Trockenperiode im Sommer beginnt es zu regnen. Für einen Gärtner bedeutet das einen Zeitgewinn, denn er muss an diesem Tag seine Pflanzen nicht gießen. Für einen Dachdecker, der gerade einen offenen Dachstuhl saniert, bedeutet es, dass er schnell versuchen muss, beispielsweise mit Folien das Dach abzudecken, damit es nicht hineinregnet.

Sie sehen, wie aus einer Situation, je nach Beruf, Tätigkeit und Lebenssituation, für den einzelnen Menschen ein Vorteil oder ein Nachteil entstehen kann.

Zielklarheit und vorausschauendes Denken

Wer weiß, was er in seinem Leben erreichen möchte, kann dadurch schnell Chancen erkennen, sich anpassen und neue Situationen für seinen Vorteil nutzen. Viele Menschen können und wollen das nicht. Denn sich einer neuen Situation zu stellen, ist manchmal unbequem und bedeutet Unsicherheit. Dinge, die wir vermeintlich als sicher und gesetzt eingestuft haben, sind auf einmal nicht mehr sicher. Das ist der Grund, warum wir unangenehme Gespräche, Dinge und Tätigkeiten oftmals auf die lange Bank schieben. Wir drücken uns vor der Situation, finden Ausreden und schieben andere Dinge vor.

Jeder Mensch weiß selbst am besten, wo der Schuh drückt und was er in seinem Leben gerne verändern möchte und auch muss. Doch vielen fehlen der Mut, das Selbstbewusstsein und die Klarheit darüber, was denn wie verändert werden kann. Es ist leichter, in die Opferrolle zu gehen und zu jammern, anstatt sich aktiv und mutig den Veränderungen, Problemen oder gar Konflikten zu stellen. Viele Menschen wollen einfach nichts in ihrem Leben verändern. Es soll ihrer Meinung nach einfach alles so bleiben, wie es ist.

Jammern und Lamentieren ist für viele Menschen zu einem festen Bestandteil ihres Alltags geworden. Wenn Sie die tägliche Nachrichten-lage oder die vielen negativen Informationen aus den verschiedensten Kommunikationskanälen heute betrachten, kann man die Haltung dieser Menschen fast verstehen. Doch wir leben in einer Zeit, in der es noch nie so viele Möglichkeiten gab, sein Leben selbst in die Hand zu nehmen und aktiv zu gestalten. Man muss dies nur erkennen und auch wollen.

Nehmen Sie Ihr Leben aktiv in die Hand

Es gibt so viele Dinge in unserem Leben und auf dieser Welt, für die Sie dankbar und stolz sein können. Wir müssen nur täglich mit offenen und wachen Augen durch unser Leben gehen und diese Dinge auch sehen. Vieles ist für uns selbstverständlich geworden. Viele Dinge nehmen wir als Selbstverständlichkeit hin. Beispielsweise unsere Gesundheit und die Tatsache, dass wir jeden Tag aufstehen und unserer Wege in Freiheit und Frieden gehen können. Ein Thema, das ganz aktuell alle Menschen auf der Welt beschäftigt.

Sie haben jeden Tag die Möglichkeit, Dinge in Ihrem Leben zu verän-dern und aktiv selbst zu gestalten. Es ist auch nicht zu wenig Zeit, die wir haben. Im Gegenteil, es ist sehr viel Zeit, die wir verschwenden, vergeuden und uns mit Dingen und Themen beschäftigen, die wir nicht verändern können.

Keine Zeit bedeutet kein Interesse

Sind wir einmal ganz ehrlich zu uns selbst. Wenn wir etwas wirklich wollen, dann finden wir meistens auch die Zeit dafür, die Mittel und auch die Wege, in die Umsetzung zu kommen. Sie kennen möglicherweise das Pareto-Prinzip, das vereinfacht ausgedrückt beschreibt, dass wir oftmals 80 % unserer Energie auf Dinge richten, die uns nur 20 % Erfolg und Wirkung bescheren. Im Gegensatz dazu bedeutet es, dass wir nur 20 % unserer Energie auf die Dinge und Themen richten, die 80 % unserer Ergebnisse und unseres Erfolges ausmachen. Stellen Sie sich einmal vor, Sie würden 100 % Ihrer Zeit und Ihrer Energie auf die Dinge richten, die Ihnen Erfolg und Wirkung bringen. Sie hätten einen so hohen Wirkungsgrad, der Sie zu ungeahnten Möglichkeiten führte.

Es ist also wichtig, nicht nur zu erkennen und zu akzeptieren, dass Veränderungen in unserem Leben und auf unserer Welt tagtäglich geschehen, sondern auch die richtigen Dinge zu tun.

Richten Sie Ihren Fokus auf die Dinge, die Sie verändern möchten

Wenn es uns gelingt, den Fokus auf die wirklich wichtigen Dinge zu richten und diesen auch dort zu halten, können magische Dinge in unserem Leben geschehen. Viele Menschen machen den Fehler und verschenken Unmengen an Lebenszeit, indem sie sich mit Themen und Dingen beschäftigen, die sie gar nicht ändern können. Sie halten sich mit Spekulationen, Ängsten und Sorgen auf, die möglicherweise niemals eintreffen.

Diese Spirale der Befürchtungen und Ängste gilt es zu durchbrechen, um sich auf die Dinge zu fokussieren, die Sie schließlich auch verändern möchten. Es gilt Dinge, die Sie nicht verändern und beeinflussen können, zu akzeptieren und auch abzuhaken. Ich erlebe es immer wieder, dass Kunden von mir sich über bestimmte Dinge aufregen und ärgern. Wenn wir dann konkreter über die Situation und den Sachverhalt sprechen, stellt sich heraus, dass man gar nichts daran ändern kann. Also stelle ich die Frage, warum man sich dann überhaupt darüber aufregen und wertvolle Lebenszeit vergeuden soll?

Nutzen Sie meine Erfolgsformel zur Selbstoptimierung

> **Zielklarheit**
> abzüglich der **Widerstände** und **Ablenkungen**
> multipliziert mit dem **Fokus** auf die **Umsetzung**
> ergibt als Ergebnis Ihren ganz persönlichen **Erfolg**.

Betrachten wir doch einmal kurz die einzelnen Punkte.

Zielklarheit: Wer nicht weiß, was er in seinem Leben erreichen möchte, braucht sich nicht zu wundern, wenn er diese Dinge niemals bekommt. Machen Sie sich also Gedanken darüber, was Sie in Ihrem Leben erreichen möchten und wo Sie beispielsweise in zehn Jahren stehen möchten. Definieren Sie dabei auch die Werte und Grundsätze, für die Sie stehen. So fällt es Ihnen leichter, Entscheidungen zu treffen, sich anzupassen und mögliche Kompromisse zu finden.

Widerstände: Es gibt immer Probleme und Schwierigkeiten auf unserem Lebensweg. Es kommt immer darauf an, wie wir damit umgehen. Werfen Sie gleich die Flinte ins Korn und geben auf, dann brauchen Sie sich nicht zu wundern, wenn Sie nicht vorwärtskommen. Es nicht einmal zu versuchen, schließt Sie von vornherein als Gewinner aus.

Kennen Sie den Satz: „Sieger geben niemals auf, und wer es nicht einmal versucht, hat schon verloren!" Dieser Satz beschreibt, warum viele Menschen, die sich über Veränderungen, Umstände und Probleme beklagen, nicht ankommen werden. Im Kehrschluss bedeutet das aber auch, dass Erfolg auch eine Frage der Einstellung und der Betrachtungsweise ist. Gewinner, Sieger und erfolgreiche Menschen denken lösungsorientiert und machen nicht die Umstände für ihr Scheitern verantwortlich.

Ablenkungen: Die richtigen Dinge zum richtigen Zeitpunkt tun. Wir leben in einer Zeit, in der wir 24 Stunden und 7 Tage die Woche Zugang zu Informationen haben. Das bedeutet im Kehrschluss aber auch 24 Stunden und 7 Tage die Woche Ablenkungen. Fallen Sie nicht auf diese Verlockungen herein. Ein kurzes Video, ein kurzer Post, eine E-Mail bzw. Kurznachricht oder ein Anruf und Sie sind sekundenschnell meilenweit von Ihren Themen, Aufgaben und Zielen entfernt. Das passiert uns allen tagtäglich. Finden Sie dazu Ihren ganz persönlichen Weg, um damit umzugehen.

Fokus: Fokus ist vergleichbar mit einer Taschenlampe, mit der Sie in einen dunklen Raum oder bei Nacht leuchten. Worauf Sie den Lichtstrahl richten, also fokussieren, wird sichtbar. Dinge, die Sie anstrahlen, werden in der Dunkelheit sichtbar. Sie lenken Ihren Blick, Ihre Aufmerksamkeit und Ihre Energie darauf. Nutzen Sie dieses kraftvolle Instrument in Ihrem Alltag. Beachten Sie dabei aber, dass sich alle Dinge, die Sie fokussieren, positiv wie negativ verstärken. Fokussieren Sie sich also regelmäßig auf die Dinge, die Sie verändern möchten und können.

Umsetzung: Es gibt so viele Menschen mit Ideen, Träumen, Visionen und Zielen, doch sie scheitern daran, weil sie nicht in die Umsetzung kommen bzw. an der Umsetzung scheitern. Viele warten auf den besten Zeitpunkt und versäumen dabei, ihr Leben zu leben.

Heute hier und jetzt ist der beste Zeitpunkt.

Heute ist nicht das Ende, sondern der Anfang vom Rest Ihres Lebens. Fangen Sie deshalb an und nehmen Sie Ihr Leben in die Hand. Was sind Ihre Ziele, Wünsche und Träume? Wie verhalten Sie sich, wenn niemand Sie sehen oder beobachten kann? Wer möchten Sie sein?

Denken Sie daran, unser Leben ist keine Generalprobe und es gibt keine Wiederholungen. Nutzen Sie Veränderungen als Gelegenheiten und Chancen. Wenn es sein muss, passen Sie sich den Umständen oder die Umstände für sich an. Gehen Sie Kompromisse ein und lassen Sie sich von den richtigen Menschen helfen und inspirieren. Meine Kund*innen und Zuhörer*innen z. B. schätzen meine Unterstützung in Form meines Erfolgs-Coachings und meiner Strategieberatung, weil sie dadurch schneller in die Umsetzung und so an ihre Ziele kommen. Wer könnte Sie unterstützen?

Meiden Sie „Nein-Sager", negative Menschen, die alles besser wissen und angeblich alles schon einmal erfolglos ausprobiert haben. Schützen Sie sich vor Zeitdieben und Energieräubern. Seien Sie mutig und fangen Sie hier und heute an, Ihr Leben aktiv zu gestalten. Verändern Sie Ihre Geschichte und damit Ihr Leben.

Persönlicher Erfolg: Was unterscheidet erfolgreiche Menschen von denen, die es versuchen und auf die richtige Gelegenheit warten? Mut, Klarheit und die richtige Strategie, um ins Handeln zu kommen. Jeder von uns hat schon einmal einen Fehler oder etwas Dummes gemacht, ist deshalb aber nicht dumm.

Es gilt immer wieder aufzustehen, wenn man hingefallen ist. Nicht zu lamentieren und nach Schuldigen zu suchen. Beobachten Sie dazu einmal kleine Kinder, die gerade laufen lernen. Sie experimentieren, probieren, fallen hin und stehen wieder auf. Meistens lachen sie auch noch dabei. Ich kenne kein Kind, das aufgegeben hat, laufen zu lernen, weil es zu anstrengend war oder andere gesagt haben, es geht nicht.

Wiederholen Sie die Dinge, die Sie umsetzen möchten. Wiederholung ist Kraft und Energie. Sie kennen diese Wirkung von der Schule beim Vokabellernen einer Fremdsprache. Wiederholen Sie vor allem die Dinge, die noch nicht richtig funktionieren. Probieren Sie neue Dinge aus und lernen Sie täglich dazu.

Der Optimierungskreislauf als Rezept für Wachstum, Weiterentwicklung und Erfolg

1. Nehmen Sie sich regelmäßig Zeit, um Ihre aktuelle Situation zu reflektieren.
2. Bewerten Sie Ihre aktuelle Situation und anstehende Veränderungen.
3. Was läuft gut und soll so bleiben, wie es ist?
4. Was ist gut an dieser Situation?
5. Was sollte – nein – was muss sich verändern?
6. Warum muss sich diese Situation verändern?
7. Wie sieht dabei konkret Ihr Ziel aus?
8. Was möchten Sie bis wann und wie verändern?
9. Was könnte Ihnen dabei schwerfallen?
10. Wer könnte Ihnen dabei helfen und Sie unterstützen?
11. Was machen Sie bei Rückschlägen?
12. Wie verhalten Sie sich, wenn ein Ziel oder eine Veränderung nicht möglich ist?
13. Woran erkennen Sie, dass Sie Ihr Ziel erreicht haben?
14. Freuen Sie sich über die herbeigeführte Veränderung und über die erreichten Ziele!
15. Reflektieren Sie in regelmäßigen Abständen und wiederholen Sie diese 15 Schritte!

Geduld, Flexibilität und Beharrlichkeit bringen Sie ans Ziel

Ein kleines, aber sehr einleuchtendes Beispiel haben Sie, wenn Sie einmal den Verlauf eines kleinen Baches oder Flusses beobachten: Schon immer gibt es Fluss- und Bachläufe auf unserer Erde, die sich im Laufe der Zeit ihren Verlauf gesucht haben. Steht ein Hindernis, eine Sperre oder ein Widerstand entgegen, findet das Wasser trotzdem seinen Weg.

Sie kennen möglicherweise auch das Sprichwort: Steter Tropfen höhlt den Stein! Das bedeutet, geduldig und beharrlich an den Themen bleiben. Viele Menschen scheitern an der Umsetzung oder durch Ablenkungen. Sie verlieren ihre Ziele aus den Augen, und schon wieder ist ein Jahr vorbei. Üben Sie sich in Geduld und Beharrlichkeit, damit es Ihnen nicht so geht und Sie in die Umsetzung kommen. Wenn Sie wissen, was konkret Sie wollen, und wenn Sie die richtigen Schritte in die Wege leiten, gilt es nur noch dranzubleiben und die Umsetzung nicht aus dem Fokus zu verlieren. Natürlich gibt es immer wieder Schwierigkeiten, Veränderungen und Hindernisse, an die es sich anzupassen oder die es zu umgehen gilt. Denken Sie dabei immer wieder an den Bachlauf, der sich stetig seinen Weg bahnt.

Viele Menschen sind ungeduldig und meinen, wenn sie am Gras ziehen, wächst es schneller. Doch die Natur zeigt uns in vielen Beispielen auf, wie wichtig die Geduld ist, um manchen Dingen ihren Lauf zu geben, um Früchte reifen zu lassen, bevor man sie ernten kann.

Mein ganz persönlicher Rat an Sie

Die letzten Jahre haben uns eindrucksvoll gezeigt, wie schnell und dramatisch sich Veränderungen auf unserer Welt und somit auch in unserem Leben vollziehen. Die Welt ist kleiner geworden und wir sind eng miteinander vernetzt. Erstellen Sie für sich und Ihre Familie bzw. auch für Ihr Unternehmen einen Plan, wohin die Reise gehen soll. Welche Pläne und Ziele Sie erreichen möchten und wofür Sie stehen. Für welche Werte und welches Selbstverständnis Sie stehen und welche Spielräume es gibt.

Dieser Plan führt zu der Klarheit und Sicherheit, die Sie brauchen, um die Unsicherheiten und Veränderungen zu meistern, die in Zukunft auf Sie zukommen. Bauen Sie ein Netzwerk an starken Partnerschaften und Freundschaften auf und pflegen Sie dieses auch. Denken Sie dabei immer daran, dass Beziehungen nur dem schaden, der keine hat. Wir werden in Zukunft immer flexibler und anpassungsfähiger sein müssen, um unsere Ziele und Pläne in dieser von Geschwindigkeit und Disruption geprägten Zeit umzusetzen. Ein starkes Netzwerk, Partnerschaften, Kooperationen und Freundschaften helfen Ihnen dabei und machen Sie stark.

Schauen Sie in den Spiegel und stellen Sie sich vor, wie denn Ihr Leben idealerweise in den nächsten zehn Jahren aussehen soll. Was wollen Sie erreichen, umsetzen und was soll geschehen?

Ich lade Sie zu einem kleinen Experiment ein:

Nehmen wir einmal an, dass sich alle Ziele, Wünsche und Pläne in Ihrem Leben erfüllt haben. Die von Ihnen gewünschten Veränderungen haben sich eingestellt und Sie sind sehr glücklich und zufrieden. Was konkret hat sich verändert? Wie sieht Ihr Alltag aus? Wie fühlen Sie sich und wie geht es Ihnen dabei? Wie haben Sie es geschafft?

Ich wünsche Ihnen von Herzen alles Gute, nehmen Sie Ihr Leben in die Hand und gestalten Sie Ihre Zukunft aktiv. Nutzen Sie Veränderungen als Chancen, passen Sie sich an Gegebenheiten an und lernen Sie, Gemeinsamkeiten zu finden und Kompromisse einzugehen.

Michael Vaas – www.michaelvaas.de

© Prof. Lenz

© Frank Kühn

Dr. Klaus Wagenhals   **Dr. Frank Kühn**

Klaus Wagenhals

Seit 1998 ist Klaus Wagenhals als „Sparringspartner" und Mitgestalter für kleinere und größere Unternehmen im Einsatz; seine Schwerpunkte sind die Begleitung von Change-Prozessen – inzwischen vorwiegend beim Umbau in Richtung „agil" und „new work", die Optimierung von Projekten durch gezielte Lern-Prozesse und Durchführung von „excellence"-Programmen sowie Coaching von Führungspersonen vorwiegend im mittleren Management. 2007 gründete er zusammen mit Kolleg*innen das Netzwerk metisleadership – Näheres unter **www.metisleadership.com**.

Klaus Wagenhals ist studierter Industrie-Soziologe und Organisations-Psychologe und hat sich in zahlreichen Disziplinen und Methoden weitergebildet. Er engagiert sich sowohl als Autor und Speaker als auch ehrenamtlich zu obigen Themen.

Frank Kühn

Seit 30 Jahren unterstützt Frank Kühn führende Unternehmen und Institutionen im Change- und Projektmanagement und in der Entwicklung kooperativer Arbeits- und Organisationsformen. Seine oft mittelständischen Kunden binden ihn als ihren Gesprächspartner, Mitgestalter und Begleiter in ihre hoch aktuellen Entwicklungs-, Lern- und Veränderungsprozesse ein.

Frank Kühn ist promovierter Arbeitswissenschaftler. Nach leitenden Funktionen in Forschung und Industrie war er viele Jahre Partner und Associate in europäischen Beratergruppen. Heute ist er selbstständig und arbeitet in einem Netzwerk von Projekt- und Entwicklungspartnern. Seine Erfahrungen und Überlegungen hat er in zahlreichen Fachartikeln, Büchern und in Lehraufträgen geteilt.

www.kuehn-cp.com, frank@kuehn-cp.com

Adaptabilität heißt für uns: das Potenzial besser nutzen und schneller ins Tun kommen

Klärungen: Worum geht es?

Wir verstehen unter „Adaptabilität" die Fähigkeit eines Systems, sich auf geänderte Gegebenheiten der für dieses System relevanten Umwelten einzustellen. Dazu gehört die Fähigkeit, sich in andere Systemlogiken zu versetzen, die Signale wahrzunehmen, die eine mehr oder weniger starke Aufforderung zu Anpassung und Veränderung enthalten, diese Signale zu bewerten, Entscheidungen zu treffen, schnell ins Handeln zu kommen und daraus zu lernen.

Adaptabilität erhält nicht von ungefähr in den letzten Jahren eine große öffentliche Aufmerksamkeit. Angesichts aktueller Krisen kommt es darauf an, dass eine Gesellschaft, eine Organisation oder auch eine Person über die notwendigen Fähigkeiten und Potenziale zur erfolgreichen Anpassung an die neue Situation verfügt.

In der Biologie, in der Kybernetik und Medizin weiß man ebenso wie in der Psychologie, Soziologie und Pädagogik, dass Adaptabilität eine sowohl den Menschen als auch größeren Systemen (Umwelt, Tierwelt, Gesellschaften) inhärent zur Verfügung stehende Eigenschaft ist, die nicht unbegrenzt abrufbar ist. Deshalb braucht es klare Maßstäbe zur Bewertung von Daten, Informationen, Aussagen, z.B. in der kritischen Auseinandersetzung mit neuen Organisationsmoden oder vergangenen Best Practices. Sonst sind wir einfach nur „angepasst", folgen Gurus und machen uns zu Kopierern gehypter Trends.

Es braucht ein geteiltes Verständnis

Wahrnehmen, Bewerten, Handeln: Das sollte sich immer auf das ganze Unternehmens- und Ökosystem richten – nicht nur auf Details und Symptome. Man sollte nicht Prozesse digitalisieren, wenn die Mitarbeitenden die erforderlichen Fähigkeiten noch nicht haben oder die technische und soziale Zusammenarbeit mit den Kunden, Teams, Geschäftspartnern nicht geklärt ist. Wir müssen die gesellschaftlichen und globalen Herausforderungen einbeziehen, die Klimakrise, die Pandemie, unsere

Erfahrungen mit den Lieferketten. Wenn wir darüber nicht unsere Wahrnehmungen und Absichten teilen, schaffen wir statt gemeinsamer Adaptabilität neue Differenzen und Dissonanzen.

Das geteilte Verständnis beginnt mit dem Begriff. Denn wie mit der „Agilität" geht es uns auch mit der „Adaptabilität": Der Begriff ist nicht neu. Er muss nur aus Hype und Beliebigkeit in eine professionelle Anwendung überführt werden. Wobei man im Blick haben sollte, dass sich auch die Bedeutung der Begriffe wandelt (Wagenhals/Kühn 2020). Die Begriffsdeutung erfolgt am besten gemeinsam mit den beteiligten und betroffenen Teams und Partner*innen (Tab. 1).

Was heißt für uns Adaptabilität?	Was heißt es für uns nicht?	Welche Hinweise gibt es auf Adaptionsnotwendigkeit?	Wie können wir ins Tun kommen?
• Verteilte Informationen und Kompetenzen vernetzen • Flexibilität in der Strategie • Optionen ausprobieren • Entscheidungen auf Zeit treffen	• Best Practices unreflektiert übernehmen • Leichtfertige Akzeptanz von Moden, Rezepten, Zertifikaten • Denkverbote, Abwehr oder Abwertung von Impulsen	• Veränderte Erfolgsmodelle unserer Kunden • Unzufriedenheit oder Fragen unserer Kunden und Partner • Trends bzgl. unserer unternehmerischen Aktivitäten	• Cross-funktionaler Austausch von Signalen und Bewertungen • Strategieentwicklung im Zukunftsworkshop • Change-Backlog für Orga-Themen

Tabelle 1: Beispiel für eine gemeinsame Klärung

Voraussetzung für eine solche Klärung ist Offenheit und Vertrauen in der Runde, damit flexibles und anderes Denken möglich ist, damit Trends und neue Impulse, auch ungewohnte Ansätze und widersprüchliche Einschätzungen eingebracht und in Erwägung gezogen werden. Damit wir positiv erfahren, was es heißt, Barrieren in der eigenen Person oder in der Gruppe zu überwinden, um in die Zukunft zu denken (Scharmer 2014), Modelle zu formulieren, ins Ausprobieren zu kommen (Bild 1).

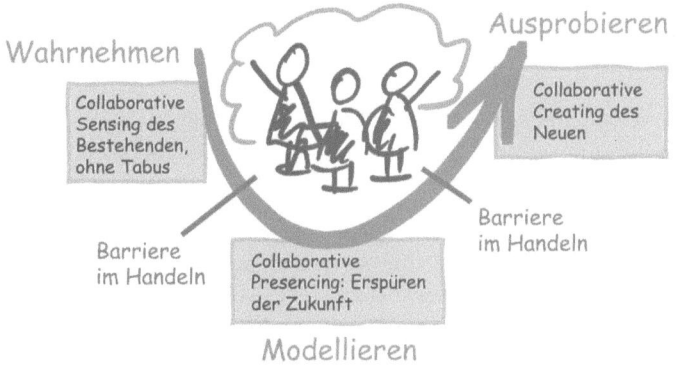

Bild 1: Anders in die Zukunft denken (Quelle: Autoren, nach: Scharmer 2014)

Adaptabilität muss verteilte Intelligenz nutzen

Die Unternehmen arbeiten derzeit an vielen Baustellen. Dazu gehören neue Wertschöpfungsketten, Kreis- statt Abteilungsstrukturen, Digitalisierung, neue Rollen- und Führungskonzepte, neu definierte Fehler-Toleranz-Kultur. Als problematisch erweisen sich dabei die oft vorgefundenen Parallelwelten in vielen Unternehmen. Da sind einerseits die Geschäftsführungen, unterstützt durch „Change-Agents", „Agile Coachs" und Beratungsfirmen mit gehypten Trends, Benchmarks und Best Practices (vgl. Väth 2019). Und da sind andererseits die Mitarbeitenden mit ihrer Expertise, ihrem fachlichen Weitblick, ihren unmittelbaren Kunden- und Marktkontakten. Viele von ihnen könnten als „Sensoren", „Rückmelder" und „Problemlöser" wirken – man müsste sie nur fragen, ihre Rolle dahingehend definieren, ihnen Handlungsspielraum einräumen. Stattdessen bekommen sie „von oben" wohlformulierte Change-Storys verkauft.

Adaptabilität nach unserem Verständnis würde hingegen bedeuten, dass sich Mitarbeitende aus verschiedenen Unternehmensbereichen mit Kontakten zu Kunden, Zulieferern, Wettbewerbern, Märkten austauschen über ihre Wahrnehmungen und Einschätzungen. Dass sie sich mit aktuellen Entwicklungen und Hypothesen für eine ungewisse Zukunft beschäftigen, Vorgehensweisen klären, erproben, gemeinsam lernen. Dabei helfen uns Trends und Szenarien (mit Folgenabschätzung):

(1) die Reduzierung von Hierarchiestufen, die Stärkung dezentraler Verantwortung und verteilter Führung, die Einsicht in iterative Arbeitsweisen,

(2) die Möglichkeiten digitaler Medien, mit denen sich alle Mitarbeitenden die zum eigenen Sensor- und Bewertungssystem passenden Informationen aus dem Netz holen können,

(3) die zunehmende Nutzung von elektronischen Plattformen sowie Open Spaces, Barcamps usw., die zum Austausch und zur Entwicklung neuer Ansätze für Produkte, Dienstleistungen, Abläufe und Kulturthemen (Sharing, Fehlerkultur) quer zu den Hierarchien helfen.

Adaptieren an neue Herausforderungen

Adaptabilität ist eine entscheidende Fähigkeit, um aktuellen Bedrohungen, absehbaren Handlungsbedarfen, zukünftigen Herausforderungen effektiv zu begegnen. Diese Kompetenz ist bei uns unterschiedlich ausgeprägt. Geht es um unmittelbares Handeln, um z.B. Leben bei Überschwemmungen zu retten, handeln wir schnell, greifen ein (oder laufen weg). Dieses Verhaltensrepertoire ist tief in uns verankert.

Geplantes Handeln richtet sich hingegen auf frühzeitiges Erkennen zukünftiger Bedrohungen sowie vorausschauende Maßnahmen. Aus Erfahrung und auch aus Studien wissen wir, dass wir bei solchen langfristigen Bedrohungen eher den Weg der Zerstreuung, der Verleugnung, des Abwartens und Kleinredens des Problems gehen.

Gleichzeitig können wir nicht in die Zukunft sehen. Deshalb heißt Adaptabilität, Prozesse einzurichten, die mit Frühwarnsystemen arbeiten, mit Zukunftswerkstätten zu Einflüssen, Szenarien, Bedrohungen, mit schnellen Interventions- und Lernschleifen. Damit können wir sofort beginnen, denn Abwarten hilft nicht (Kühn 2022).

Das Potenzial für diese Adaptabilität stellt sich in den verschiedenen Entwicklungsstufen von Organisation (z.B. Glasl/Lievegoed 2004; Beck/Cowan 2005; Laloux 2015) unterschiedlich dar. Je starrer die Institutionalisierung, desto geringer die Anpassungsfähigkeit. Nach der Überwindung solcher Strukturen kommen wir zu dem, was den Erfolg unserer Evolution bestimmt hat: zur Zusammenarbeit von Menschen mit ihren verschiedenen Persönlichkeiten, Kompetenzen und Potenzialen. Mit dem gemeinsamen Interesse, ein möglichst gutes, sozial- und umweltgerechtes Leben führen zu können. Und genau darauf müssen sich zukunftsorientierte Organisationen mit ihren Wesenselementen ausrichten (Bild 2).

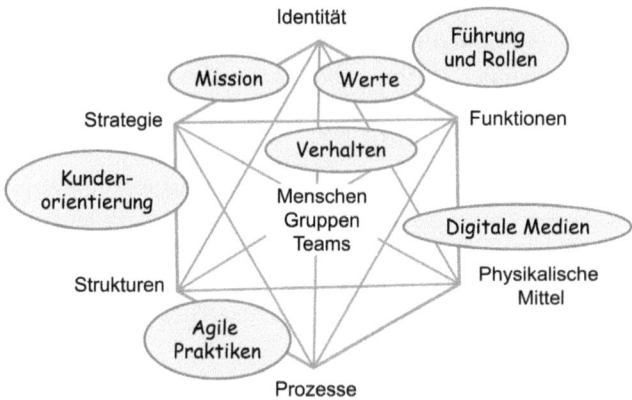

Bild 2: Wesenselemente von Organisation (Quelle: Wagenhals, erweitert nach Glasl/Lievegoed 2004)

Mitwirkungsformate für Adaptabilität

Die Zusammenarbeit in der Verbindung zwischen persönlichem Engagement und organisatorischem Rahmen bilden Beteiligungsformate wie Working-out-loud (WOL), Open Space, Dynamic Facilitation, Workhacks u.v.a.m. In diesen Situationen begegnen sich die Mitarbeitenden, nehmen den Anspruch des Unternehmens an Adaptabilität wahr, setzen ihn in ihrer kritisch-konstruktiven Arbeit um. Damit entsteht eine neue, vitale Struktur, in der Adaptabilität und Beteiligung ganz selbstverständlich verbunden sind. Aktive Mitwirkung wird Teil der Organisation und muss nicht mehr von Betriebsräten angeregt werden.

Welche Kompetenzen braucht es, wenn Adaptabilität in dem beschriebenen Sinne organisiert werden soll? Es braucht:

(1) fachliche, methodische und personale Kompetenzen, um sich Raum für wirkliche Führungsarbeit zwischen Delegation und „Shared Leadership" zu schaffen, um seine eigenen Führungsaufgaben gut und vorbildlich zu organisieren.

(2) Kompetenzen zur Visions- und Ziel-Entwicklung sowie die Reflexion gemachter Erfahrungen. Dazu gehören Feedback-Schleifen, Szenariotechniken, neue Denkmodelle (vgl. Kahneman 2012; Borgert 2018), Arbeit an der Kultur z. B. hinsichtlich Fehlertoleranz und kollegialer Unterstützung (Schein 2009; Barrett 2006).

(3) das Wissen zur Gestaltung einer „agilen" Organisation, die sich auf die Anforderungen des Marktes und der Kunden ausrichtet, verbunden mit dem Know-how für die verschiedenen Arten und Phasen von Change-Prozessen (Wagenhals/Kühn 2020).

(4) Kompetenzen zur Produkt- und Dienstleistungsinnovation von der Marktbeobachtung bis hin zu Minimal Viable Products (MVP), verbunden mit Digitalisierung. Mithilfe von Online-Plattformen und Collaborative Tools vernetzen sich weltweit Teams und Fach-Communitys, formt sich in diesen Kontexten auch das Thema Führung neu.

Was heißt das jetzt für Führung?

Adaptabilität beinhaltet ein Selbstverständnis von Führung und Führungspersonen, das sich mit den Erwartungen an Führung auf den verschiedenen Ebenen in Umbruch-Zeiten auseinandersetzt. Daraus leitet sich weiter ab, dass Führung unabhängig von hierarchischen Positionen gedacht wird, und zu diskutieren ist, wer Führung wahrnehmen bzw. wie Führung verteilt werden sollte.

Auch in einer sich verändernden Welt, die durch VUCA, Agilität und Digitalisierung geprägt ist, werden immer wieder verschiedene Interessen, Meinungen, Lösungswege, Kulturen, Charaktere aufeinandertreffen. Daraus Konstruktives zu generieren, Zusammenarbeit zu schaffen, Konsense zu erreichen, gute Stimmung zu stützen, die Menschen stolz auf ihren Beitrag zu machen, das gehört zur Führungsarbeit. Und das gilt mehr als je zuvor, weil Adaptabilität darauf angewiesen ist, dass die Menschen sich mit ihrer Motivation, Erfahrung und Kreativität dafür einsetzen.

Agile Prinzipien unterstützen diese Entwicklung und hinterfragen klassisches Führungsverständnis. Im Scrum-Projekt (Gloger 2016) entscheidet das Entwicklungsteam selbst, was es in einem zweiwöchigen Sprint schaffen kann: realistische Einschätzung durch Experten statt top-down gepflegte Machbarkeitsillusion. Das Konzept der Objectives and Key Results (OKR) setzt auf Adaptabilität: regelmäßige gemeinsame Überprüfung, was erreicht wurde und wie der weitere Weg anzupassen ist (Doerr 2018). Mit kürzer getakteten Entscheidungen erreichen wir nicht nur bessere Ergebnisse (Dörner 1989), sondern kommen auch schneller ins Tun.

Das alles erfordert Offenheit, Vertrauen und die „psychologische Sicherheit" (Edmondson 2020), unsere Einschätzungen und Bedenken angstfrei auf den Tisch zu bringen.

Potenzial der Mitwirkung

Viele Change-Prozesse werden aufwendig geplant, geraten aber im Alltag ins Stocken oder verlaufen im Sand (Deloitte 2021). Wie kann die Umsetzung besser als bisher gelingen?

Zunächst gilt es zu klären, woraus man die Aufforderung zur Adaptabilität ableitet und welche Hindernisse auf dem Weg zur Veränderung zu erwarten sind. Insofern geht es nicht nur um die Anpassung von Strategien, Technik, Prozessen, Strukturen (Bild 2). Die Herausforderung liegt vielmehr darin, den Wahrnehmungen und Einschätzungen der Mitarbeitenden Gehör zu verschaffen und diese in die Entscheidungen einzubeziehen. Dann müssten wir auch nicht mehr über das anstrengende „Mitnehmen der Beschäftigten" bei Veränderungen lamentieren. Menschen engagieren sich, wenn sie Sinn und Wirkung ihres Beitrags erfahren – dafür braucht es keine teuren Unternehmensberatungen oder raffiniert ausgedachtes Marketing des Change (Väth 2019; Pfläging 2020).

Dass wir uns damit so schwertun, hat mit der Tradition der klassischen Arbeitsteilung zu tun, mit einem überholten Menschenbild sowie mit der Annahme, dass sich jede Funktion im Unternehmen mit Spezial-Know-how und eigenem Recherche-Apparat rechtfertigen muss. Das ist aber für eine zukunftsorientierte Adaptabilität zu umständlich und zu unvollständig. Vielmehr müssen wir die Erfahrung, das Know-how und die Sensibilität derjenigen nutzen und entwickeln, die nahe an Kunden, Markt und Wettbewerbern sind. Unser aller Fähigkeit, in die Zukunft zu denken (Scharmer 2014), muss entwickelt werden, statt Neues mit alter strategischer Analytik anzugehen. Und es braucht Mut, Schritte zu machen, Konflikte mit Beharrungskräften anzugehen. Das muss Organisation (Bild 2) unterstützen.

Akteure in abgestimmtes Handeln bringen

Dafür müssen wir die Fähigkeiten entwickeln, offene und verdeckte Konflikte konstruktiver zu bearbeiten (Glasl 2015) und auch bei gegensätzlichen Interessen zum Konsens finden zu können (Paulus u.a. 2009). Wir müssen verstehen, wer im Unternehmen und im Ökosystem auf welchem Weg ist und wie diese Entwicklungen in „Gathering Points" (Winnen/Kühn 2022) verbunden werden können. Wir müssen klären, welches Potenzial für die Anpassungsfähigkeit wir an Bord haben oder noch entwickeln müssen. Daraus lässt sich eine Prioritätenliste mit Maßnahmen entwickeln (Bild 3).

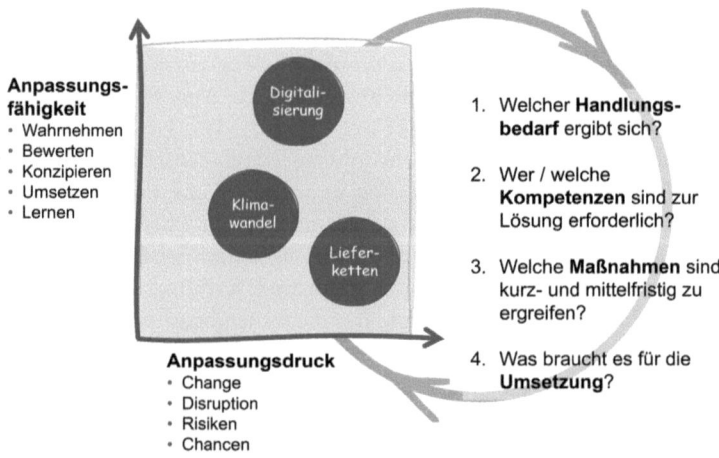

Bild 3: Anpassungsdruck und Anpassungsfähigkeit führen zu Maßnahmen (Quelle: Autoren)

Was ist förderlich, was hinderlich?

Wir wissen aus Erfahrungen und Studien (z.B. Deloitte 2021), wie schwer die Anpassung fällt. Die Realität in vielen Unternehmen ist noch geprägt durch selbsterhaltende Strukturen, Legacy Systems, „Command and Control"-Führungsstile, Misstrauens- und Egoismus-Kulturen. Damit muss die Auseinandersetzung begonnen werden. Dazu ist eine Unterscheidung hilfreich, welche Kräfte förderlich sind für die Anpassung und welche hinderlich (Tab. 2; die Elemente in Bild 2 können Anregungen geben). Wo lässt sich aufsetzen, was lässt sich nutzen, woran müssen wir arbeiten? Damit lässt sich schnell ins Handeln kommen.

Förderlich	Hinderlich
Klare Datenlage zu den Problemen der Lieferketten	Wenig Offenheit für alternative Lieferanten
Ökologische Ideen für nächste Produktserie	Konzeptionsschwäche; Experten derzeit schwer zu bekommen
Befürworter und Experten für Digitalisierung gewonnen	Skepsis; Prozesse noch nicht genügend qualifiziert erfasst
Erste Erfolge in cross-funktionalen Teams	Zuständigkeitsdenke (z.B. Innovationsabteilung)
Selbststeuerung auf der Basis von Daten-Transparenz	Steuerung durch Vorgesetzte, Wissen ist Macht

Tabelle 2: Hinderliche und förderliche Faktoren (Beispiele)

Mut, Konflikt- und Konsensfähigkeit

Zukunftsorientierte Unternehmen prüfen regelmäßig die Adaptabilität aller Systemelemente (Bild 2) sowie die hindernden und fördernden Faktoren (Tab. 2). Sie gestalten, optimieren, verändern. Sie schaffen Strukturen für Übergänge und Entwicklungen, von KVP-Prozessen über Experiment-Teams bis hin zu strategischen Zukunftswerkstätten. Sie schaffen Gelegenheiten, Verantwortung und Führungsrollen dort zu übernehmen, wo sie gerade gebraucht werden – unabhängig von hierarchischen Positionen. Sie monitoren die Entwicklung, greifen ein, handeln schnell (Wagenhals/Kühn 2020).

Entscheidend sind die Verfahren und Vorgehensweisen, mit denen es gelingt, die Kompetenz- und Rollenträger in eine solche wirksame Zusammenarbeit zu bringen, in der nicht nur die Anpassungsfähigkeit der Organisation, sondern auch persönliche Verhaltensänderungen entwickelt, reflektiert und als Gewinn wahrgenommen werden. Das braucht Mut, Offenheit, Vertrauen und die Bereitschaft, sich angreifbar zu machen,

„anzuecken", nicht „everybody's darling" sein zu wollen. Das lässt sich üben, am besten mit Kunden und Zulieferern, um so deren Teams auf den Veränderungsweg einzuladen und gemeinsam noch bessere Wirkung zu erzielen (Oestereich/Schröder 2019).

Literatur

Beck, Don Edward; Cowan, Christopher C.: Spiral Dynamics: Mastering Values, Leadership and Change. Wiley-Blackwell, Hoboken/NJ 2005

Barrett, Richard: Building a Values Driven Organization. Butterworth-Heinemann, Oxford 2006

Borgert, Stephanie: Unkompliziert. Das Arbeitsbuch für agile Organisationen. GABAL, Offenbach 2018

Deloitte: Study about Enterprise Adaptability. 2021: https://www2.deloitte.com/us/en/pages/human-capital/articles/adaptive-enterprise.html

Doerr, John: OKR – Objectives & Key Results. Vahlen, München 2018

Dörner, Dietrich: Die Logik des Misslingens: Strategisches Denken in komplexen Situationen. Rowohlt, Reinbek 1989

Edmondson, Amy C.: Die angstfreie Organisation. Vahlen, München 2020

Glasl, Friedrich: Selbsthilfe in Konflikten. Hauptverlag, Bern 2015

Glasl, Friedrich; Lievegoed, Bernard: Dynamische Unternehmensentwicklung. 3. Auflage, Hauptverlag, Bern 2004

Gloger, Boris: Scrum. Produkte zuverlässig und schnell entwickeln. 5. Auflage, Hanser, München 2016

Kahneman, Daniel: Schnelles Denken, langsames Denken. Siedler, München 2012

Kühn, Frank: Unternehmen agil entwickeln. Hanser, München 2022

Laloux, Frédéric: Reinventing Organizations. Vahlen, München 2015

Oestereich, Bernd; Schröder, Claudia: Agile Organisationsentwicklung. Vahlen, München 2019

Paulus, Georg; Schrotta, Siegfried; Visotschnig, Erich: Systemisches Konsensieren – der Schlüssel zum Erfolg. Danke-Verlag, Holzkirchen 2009

Pfläging, Niels: Fünf Schlüsselkonzepte für zeitgemäße Veränderungsarbeit. In: Lang, Michael; Wagner, Reinhard (Hg.): Das Change Management Workbook. Hanser, München 2020

Scharmer, C. Otto: Theorie U. Von der Zukunft her führen. Carl-Auer, Heidelberg 2014

Schein, Edgar H.: The Corporate Culture Survival Guide. 2nd ed., Wiley, Hoboken/NJ 2009

Väth, Markus: Beraterdämmerung. SpringerGabler, Wiesbaden 2019

Wagenhals, Klaus; Kühn, Frank: Auslöser, Ansätze und Anwendungen zum Change. In: Lang, Michael; Wagner, Reinhard (Hg.): Das Change Management Workbook. Hanser, München 2020

Winnen, Markus; Kühn, Frank: Gathering Points Creating Momentum – Navigating the Journey of a Value-Driven Company. In: Kempf, Michael; Kühn, Frank (eds.): Navigating a Travelling Organization. SpringerNature, Cham 2022